湖南省研究生教学平台项目省级高水平教材建设项目（2020jxpt017）
湖南省普通高等学校教学改革研究项目（2019JG ZD039）

生物工程综合技能实践教程

王征　方俊◎主编

中南大学出版社
www.csupress.com.cn

·长沙·

编 写 人 员

主 编

王 征(湖南农业大学)

方 俊(湖南农业大学)

副主编(以姓氏笔画为序)

李婷婷(湖南师范大学)

林元山(湖南农业大学)

蔺万煌(湖南农业大学)

编 者(以姓氏笔画为序)

兰时乐(湖南农业大学)

刘虎虎(湖南农业大学)

刘爱玲(湖南农业大学)

杨 博(湖南农业大学)

肖云花(湖南农业大学)

周海燕(湖南农业大学)

赵 燕(湖南农业大学)

前　言

　　本教材是湖南省研究生高水平教材建设项目资助的教材。生物工程类、生物医学工程类、食品科学与工程类的研究生实践教学一直缺乏一本实用的实验指导教材，一方面是因为实验条件限制了教学内容的深度和广度，另一方面学生各自研究方向需要掌握的技术不同，致使学生的实践教学比较随意，缺乏系统的实验技术训练。针对这个问题，我们申请了湖南省研究生优秀教材建设项目，将生物工程类、生物医学工程类、食品科学与工程类专业研究生需要掌握的相关实验技术和实践方法进行总结，编写了此本教材。

　　本书编写了 21 个实验项目，覆盖了动物细胞培养、微生物与发酵工程、代谢工程与蛋白质工程、生物信息、基因工程、分子生物学以及植物生理学等实验内容。每个实验内容都是参编者基于自己的科研工作总结的研究方法，并结合平时实验教学内容进行编写的，实用性强。动物细胞培养包括了动物细胞培养基本操作，流式细胞仪的基本操作，细胞增殖能力检测，细胞克隆实验等；天然产物提取实验内容包括小分子化合物的柱层析分离技术和利用 HPLC（高效液相色谱仪）检测化合物的含量；微生物和发酵工程实验包括目的菌株的筛选，分子鉴定及系统发育树的构建，固体发酵技术，微生态制剂的制备，发酵罐中试生产氢气及气相色谱检测；基因工程包括生物合成的基本原理及方法，酶的定向进化，生物合成，基因启动子 GUS 报告载体的遗传转化及鉴定；植物学实验技术包括植物线粒体和叶绿体制备、微量检压法测定植物的呼吸速率，植物激素提取、纯化和测定等；分子生物学包括蛋白质印迹技术。

　　本教材适合于生物工程类、生物医学工程类和食品科学与工程类专业的本科生、研究生使用，也可供教师、科研工作人员以及对上述专业感兴趣的读者参考。

　　本教材在编写过程中得到了各位参编老师和中南大学出版社的大力支持，博士研究生庞一林、硕士研究生罗灿和刘玉洁同学参与了校对工作。在此一并致以衷心的感谢！在编写过程中，我们尽可能地遵循科学、准确、实用和新颖的原则，但限于编者的水平，难免有一些不足之处。敬请读者提出批评和指正，以便我们在今后再版时进一步修订。

王征

2022 年 8 月

目　录

实验一
动物细胞培养技术基本操作

1 实验目的

掌握动物细胞培养技术及其原理与相关注意事项。

2 实验原理

动物细胞培养是在无菌条件下,从动物体内取出相关的组织,用胰蛋白酶或胶原蛋白酶处理,将它分散成单个细胞,然后模拟体内正常生理状态下生存的基本条件(适宜的培养基、37℃、5% CO_2),让这些细胞在培养皿中继续生存、生长与增殖。细胞培养是细胞生物学和分子生物学中最重要的技术之一,为细胞正常代谢、衰老研究以及药物或毒性化合物对细胞的作用提供稳定的模型系统,也是研究药物或毒性化合物致突变和致癌的必备技术。细胞培养还可用于疫苗的大规模生产,而且稳定、重复性好。细胞在体外培养条件下能够以分裂的方式进行细胞增殖,并且细胞在培养过程中不会再形成组织。

3 实验材料、试剂和仪器

3.1 实验材料

待培养细胞、动物胚胎或幼龄动物器官/组织、血球计数板、6 cm/10 cm 细胞培养皿、

T-25/T-75 培养瓶、各种规格无菌离心管、各种规格无菌枪头、一次性吸管、一次性移液管、冻存管、酒精棉球等。

3.2 实验试剂

细胞培养基、胎牛血清(FBS)、磷酸缓冲液(PBS)、双抗(工作液浓度:100 U/mL 青霉素,100 μg/mL 链霉素)、胰蛋白酶、二甲基亚砜(DMSO)、无菌 1×PBS、75%酒精、0.4%台酚蓝等。

3.3 实验仪器

生物安全柜(细胞培养通风柜或层流通风柜)、(湿式)CO_2 细胞培养箱、液氮罐、倒置显微镜、高压灭菌锅、恒温水浴锅、电动移液器、各种规格移液枪、真空泵、水平离心机、医用剪刀、镊子、酒精灯等。

细胞培养通风柜布局和各类耗材示意图如图 1-1 所示。

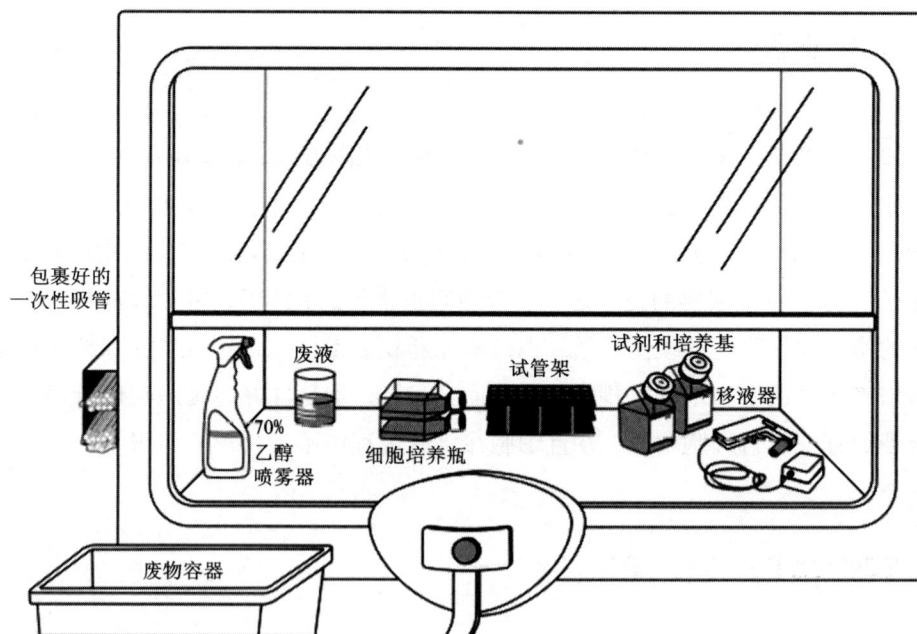

图 1-1　细胞培养通风柜布局和各类耗材示意图

4　实验方法与步骤

4.1　细胞复苏

（1）准备一个培养瓶或培养皿（要求：表面光滑、无毒、易于贴壁），加入适量的新鲜培养基（10 cm 培养皿加入 10 mL 培养基，6 cm 培养皿加入 3 mL；T-25 培养瓶加入 3~5 mL，T-75 培养瓶加入 8~15 mL）。

（2）在 37℃ 水浴中，将保存有待培养细胞的冻存管轻轻摇动，直至冻存管中冰晶全部融化（大约 2 min）。冻存管从液氮或者 -80℃ 冰箱中拿出来时应快速融化，目的是确保细胞外结晶在很短的时间内就融化，从而避免由于缓慢融化使水分渗入细胞内形成胞内再结晶对细胞造成损伤。

（3）从水浴中取出冻存管，并喷洒 75% 乙醇对冻存管表面进行消毒。然后拧开冻存管的管帽，并将内容物转移到一个含有 9 mL 推荐培养基的无菌离心管中，800 r/min 离心 4 min，弃上清液（目的是去除冷冻保护剂 DMSO）。

（4）用一定体积的新鲜培养基重悬细胞沉淀使其成为一定浓度的细胞重悬液（通用接种密度：0.8×10^6 个细胞/6 cm 皿，2.2×10^6 个细胞/10 cm 皿；0.7×10^6 个细胞/T-25 培养瓶，2.1×10^6 个细胞/T-75 培养瓶），并将其转移到步骤（1）所述培养皿或者培养瓶中。

（5）轻微吹打与摇匀之后，放置于 37℃、5% CO_2 的细胞培养箱中。通过定期观察细胞形态、生长密度、培养基颜色等判断细胞生长状态。一般培养 2~3 天后依据细胞生长状态进行换液或传代处理。

（6）细胞培养注意事项：

①温度控制：大多数人和哺乳动物细胞系在 36℃ 至 37℃；昆虫细胞系在 27℃；禽类细胞系在 38.5℃。冷血动物（例如两栖动物、冷水鱼）的细胞系可耐受很宽的温度范围（15℃~26℃）。

②细胞培养体系：分贴壁培养（在人工基质上单层生长）和悬浮培养（培养基中自由漂浮生长）。哺乳动物细胞一般都采用贴壁培养。

4.2　细胞传代培养

（1）待复苏的单层细胞生长到 100% 融合之前时（80%~90% 细胞密度），在超净工作台中，吸弃原有培养基，加入 1~3 mL PBS 洗涤细胞 1~2 次。

（2）加入 1~3 mL 胰酶消化液，轻微摇匀润洗一遍细胞，然后放置于 37℃ 细胞培养箱中消化，一定时间后（在倒置显微镜下观察发现细胞回缩变圆、细胞间隙增大时，应立即终止消化），弃胰酶（对于容易消化的细胞，也可以在超净工作台中进行消化），加入 1~3 mL 新鲜培养基终止消化，可在操作台面用适当力度拍打培养瓶壁（肉眼可见一层"薄膜"从壁上脱落），并吹打混匀（将培养基吸取到移液管中再吹打到培养瓶壁上，将培养瓶壁上细胞都尽量吹下，不能用力过大。重复几次，吹打混匀），然后将细胞悬液全部吸取到 5 mL 离心管中。

（3）800~1000 r/min 离心 4~5 min，弃上清液。吸取 1~2 mL PBS 重悬细胞沉淀（吹打混匀时动作要轻，避免产生气泡，细胞沉淀要尽量吹打均匀），800~1000 r/min 离心 4~5 min，弃上清液，可重复洗涤一次。

（4）用一定体积的新鲜培养基重悬细胞沉淀，使其成为一定浓度的细胞重悬液（同上），将其分装到新的培养瓶中，并加入适量培养基补齐到培养瓶工作体积，吹打混匀。

（5）置于细胞培养箱中，CO_2 浓度 5%，定期观察细胞生长状态。

4.3　细胞计数

1）血球计数板原理

当待测细胞悬液中细胞均匀分布时，通过测定一定体积悬液中细胞数量，即可换算出每毫升细胞悬液中细胞个数。

2）操作步骤

（1）将血球计数板及盖玻片用酒精棉球擦拭干净，室温放置 2 min 左右，让酒精挥发干净，然后将盖玻片盖在计数板的计数室上。

（2）制备细胞悬液：以 1:1 的体积比将待计数的细胞重悬液与 0.4% 台酚蓝染色液（BI 货号：03-102-1B）混合，染色 2~3 min。

（3）吸取 10 μL 染色后的细胞悬液滴于计数板中间平台两侧的沟槽内接近盖玻片的下边缘区域，让细胞悬液缓缓渗入（虹吸原理），一次性充满计数区，防止产生气泡，也不能让悬液流入旁边槽中。

（4）静置 3 min，使细胞沉降到计数室中，不再随液体漂移。将血球计数板放置于显微镜的载物台上夹稳，先在低倍镜下找到计数区，再转换至高倍镜观察，并采用血球计数器计数四角的 4 个大方格中活细胞总数（死细胞会被台酚蓝染成淡蓝色）。为了保证计数的准确性，避免重复计数和漏记，在计数时，对沉降在格线上细胞的统计应有统一的规定。如细胞位于大方格的双线上，计数时则数上线不数下线，数左线不数右线，以减少误差。

（5）计数完毕，取下盖玻片，用 75% 酒精将血球计数板冲洗干净，切勿用硬物洗刷或抹擦，以免损坏网格刻度。洗净后自行晾干或用吹风机吹干，放入盒内保存。

（6）计数公式：

$$细胞数/mL=四大格细胞总数/4×10^4$$

公式中除以 4，是因为计数了 4 个大方格的细胞数。公式中乘以 10^4 是因为计数板中每一个大方格的体积为：1.0 mm（长）×1.0 mm（宽）×0.1 mm（高）= 0.1 mm^3，而 1 mL = 1000 mm^3。如果计数的细胞重悬液已用台酚蓝或者培养基稀释，应该再乘以稀释倍数。

血球计数板示意图如图 1-2 所示。

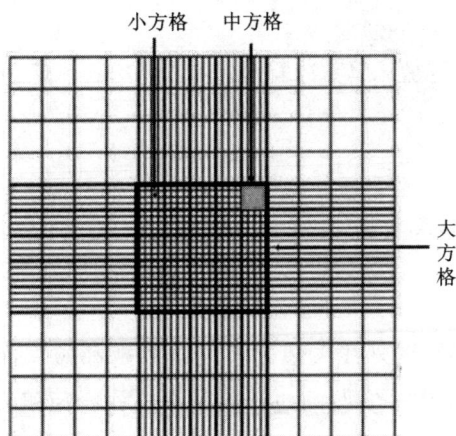

图 1-2　血球计数板示意图

3）细胞计数注意事项

（1）计数前应首先镜检血球计数板的计数室。因前一次清洗不到位，或者保存过程中存在污染，或者因操作不当导致计数室存在划痕，若不及时清洗或更换，则会对后期实验计数产生极大影响。所以，在每次使用之前都应镜检，若在镜检时发现计数室有污物，则需按要求清洗并吹干后再进行实验。

（2）在细胞冲洗之前，必须将细胞重悬液摇匀后再取液。可以在吸出细胞重悬液进行计数之前，用手指轻轻振荡 EP 管，使细胞分布均匀，防止聚集沉淀，从而提高计数的代表性和准确性。

（3）一般选择观察的细胞浓度控制在每个小方格内有 4 或 5 个细胞为宜，若其浓度太高，可适当稀释，并采用"计上不计下，计左不计右"的计数原则。

（4）显微镜下偶见有两个以上细胞组成的细胞团，应按单个细胞计算，若细胞团占 10%以上，说明分散不好，需重新稀释制备细胞悬液。

（5）计数一个样品要取两个计数室中计得的平均数值来计算，对每个样品可计数三次，再取其平均值。

4.4　冻存细胞

（1）将新鲜培养基、FBS（胎牛血清）、DMSO 按 5∶4∶1 的比例配制细胞冻存液（DMSO 能够提高细胞膜对水的通透性，加上缓慢冷冻可使细胞内的水分渗出细胞外，减少细胞内冰晶的形成，从而减少由于冰晶形成造成的细胞损伤）。

（2）将处于对数生长期的细胞重悬液于 1000 r/min 条件下离心 5 min，弃上清液，加入适量体积的细胞冻存液，使细胞密度为 $1×10^7 \sim 5×10^7$ 个细胞/mL，并用移液枪吹打混匀后加入冻存管中。

（3）慢冻：依次将冻存管放入 4℃ 冰箱 30 min，−20℃ 冰箱 30 min，−80℃ 冰箱过夜，最后放置于液氮中长期保存。

5　实验注意事项

（1）培养细胞时必须穿经紫外线灭菌的医用白大褂和戴一次性无菌手套，在医用超净工作台中进行严格的无菌操作。实验前应开启超净工作台风机和紫外灯，避光照射 15 min 以上。所有拿进细胞房的东西应喷洒 75% 酒精后从传递窗进入细胞房。灭菌后的物品也可以先放传递窗中，紫外线照射之后再放入超净工作台中。在开展细胞实验之前，培养基和药剂等应提前从冰箱中拿出，室温放置一段时间（让其温度恢复室温，防止冷刺激细胞），所有东西进入（包括手）超净工作台时都要喷洒 75% 酒精消毒。取下盖子时应将盖子开口朝下放在工作台面上。必须使用无菌玻璃器皿和其他设备。进行无菌操作时不要说话、唱歌或者吹口哨。尽快完成实验，以尽量避免污染。

细胞培养物污染是细胞培养实验室最常见的问题，一类是化学污染物，例如：水中的杂质、内毒素、增塑剂和去污剂；另一类是生物污染物，例如：细菌、霉菌、酵母菌、病毒、支原体以及其他交叉污染的细胞系。

低倍显微镜下可见贴壁细胞间的区域存在一些微微发亮的微小颗粒，但是各个细菌不易区分，见图 1-3(a)。将黑色方框区域进一步放大后可以显示出各个大肠杆菌细胞，这些细胞通常为杆状，长约 2 μm，直径约 0.5 μm。图 1-3(a) 中黑色方框的每边长度均为 100 μm。图 1-4 为贴壁培养的 293 细胞被酵母菌污染的现象。

（2）如果从细胞库购买的细胞是保存在冻存管中采用干冰运输，在收到冻存的细胞后，最好迅速解冻使其立即复苏并离心除去 DMSO，然后将它们重悬于适宜的培养基中，并孵育于 37℃、5% CO_2 的细胞培养箱中。如果不能立即复苏，需将细胞保存在液氮中（−130℃）。不要将冻存细胞存储在高于 −130℃ 的温度下，这会使细胞存活率迅速下降。

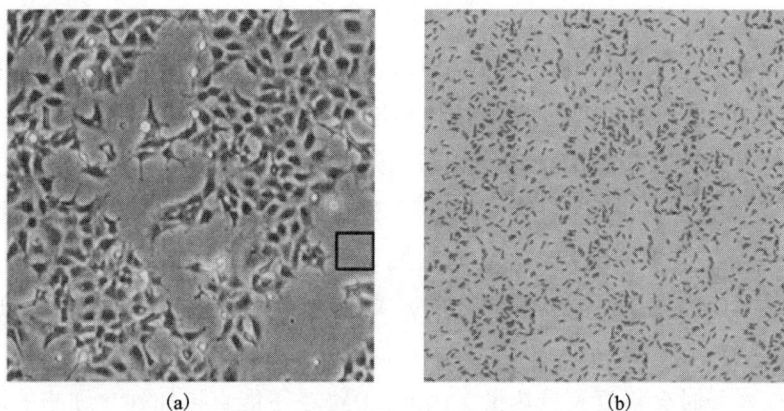

图 1-3　模拟相差图像显示贴壁生长的 293 细胞被大肠杆菌污染

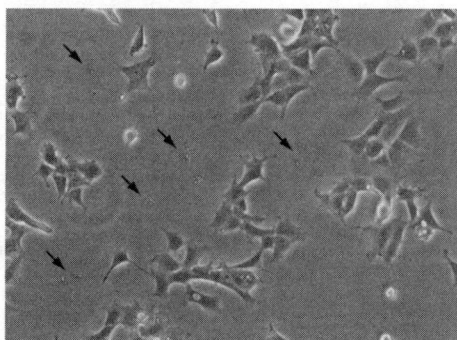

图 1-4　模拟相差图像显示贴壁培养的 293 细胞被酵母菌污染
(污染的酵母菌细胞呈卵圆形颗粒,复制时会芽生出较小的颗粒)

(3)解冻操作过程动作要轻。由于冷冻保存过的细胞变得非常脆弱,不仅解冻速度要快,而且动作要轻。

(4)解冻时务必注意安全,应戴防冻伤手套和护目镜,要预防冻存管爆裂(细菌冻存管容易炸裂,不能用于冻存细胞)。

(5)如果在细胞库购买的细胞是在培养瓶中以活细胞的形式运输(这些培养瓶中会接种细胞,在培养箱中孵育几天,并确保细胞生长状态良好后,补充满培养基就可以寄送),在收到细胞后,应首先目视检查培养基是否被污染,如检查 pH 变化(苯酚是否由红色变为黄色或紫色),浑浊度,有无肉眼可见颗粒悬浮物,以及在倒置显微镜(100×)下观察细胞状态,检测是否有微生物污染。

(6)在培养细胞之前,应提前了解一下所需培养细胞的基本特性,一般细胞产品说明书都有详细介绍(培养基类型,每管细胞数量,细胞传代次数等)或者从 ATCC 细胞库官网上查询相关信息。

(7)虽然大多数细胞系可以在不止一种培养基中生长,但是当培养基及其血清型号改变时,细胞的性质也会变化。因此,应该使用细胞库推荐的培养基培养细胞。

(8)细胞生长曲线一般由四个阶段组成:停滞期、对数期、平稳期和衰退期。为每个细胞系绘制生长曲线,对于测定该细胞系的生长特性是必要的。为了确保细胞活力、遗传稳定性和表型稳定,必须使细胞保持在对数期。因此,平时需要在细胞进入平稳增长阶段之前,或在单层细胞生长到100%融合之前,或在悬浮细胞达到推荐的最大细胞密度之前定期进行传代培养。

(9)DMSO 稀释时会释放大量热量。因此,DMSO 不能直接加到含细胞的培养基中,应事先配制细胞冻存液。

附录　动物细胞培养分类

(一)根据细胞种类分

根据细胞种类动物细胞培养分为原代培养和传代培养。

1)原代培养

从机体取出后立即培养的细胞称为原代细胞。将动物组织消化后的初次培养称为原代培养。一般将原代细胞培养10代以内的过程称为原代培养(此过程中细胞遗传物质不会发生改变)。

原代培养实验步骤:在无菌条件下,取动物胚胎或幼龄动物器官/组织(细胞分化程度低,增殖能力强,有丝分裂旺盛,容易培养)。将材料剪碎,并用胰蛋白酶或胶原蛋白酶进行消化(动物组织细胞间隙中含有一定量的弹性纤维等蛋白质)处理使其形成分散的单个细胞(组织细胞靠在一起,限制了彼此的生长与增殖。分散成单个细胞后,培养基可以确保细胞所需的营养物质和细胞内有害代谢产物的及时排出)。然后将单个细胞放入合适的培养基中,并置于细胞培养箱中培养。悬液中分散的细胞很快就会贴附在培养瓶的瓶壁上,此过程为细胞贴壁。在贴壁生长过程中,随着细胞不断增殖,最后形成一个单层,此时细胞就会停止分裂增殖,出现接触抑制。

2)传代培养

当原代培养的细胞生长到将近发生接触抑制时,用胰蛋白酶处理,使细胞从瓶壁上脱离下来,800~1000 r/min 离心 4~5 min,弃上清液,用无菌 PBS 重悬洗涤 1~2 次。然后用新鲜培养基重悬细胞沉淀,并将细胞稀释成一定浓度的细胞悬浮液(同前)。最后将细胞悬浮液分装到新的培养瓶内继续培养,这个过程称为传代培养。

传代培养是细胞培养的常规保种方法之一,是所有细胞生物学实验的基础。原代细胞培养 10 代以后的继续培养过程称为传代培养。培养 10~50 代的细胞称为细胞株(此过程中细胞遗传物质未发生改变)。细胞株一般是指通过一定的选择或纯化方法从原代培养细胞中获得的具有特殊性质的一类细胞。当培养超过 50 代时,大多数的细胞已经衰老死亡,但仍有部分细胞由于发生了遗传物质的改变,从而出现了可无限传代的特性,即癌变。此时的细胞被称为细胞系。

(二)根据培养方式分

根据培养方式动物细胞培养分为贴壁培养、半贴壁培养、悬浮培养。

1)贴壁培养

在培养瓶悬液中分散的细胞很快就会贴附在瓶壁上,称为细胞贴壁。这类细胞的生长必须有可以贴附的支持物表面,细胞依靠自身分泌的或者培养基中提供的贴附因子才能在该表面上生长与增殖。

2)半贴壁培养

半贴壁培养是相对贴壁培养而言的,只有部分细胞是贴壁生长,其他都是悬浮状态生长。

3)悬浮培养

细胞生长不依赖支持物表面,在培养液中呈悬浮状态生长。悬浮细胞传代有以下两种方法:

(1)直接传代法。悬浮细胞自然沉淀瓶底,用吸管吸去 1/2~2/3 上清液,将剩余的培养液轻轻吹打成细胞悬液,然后将同等体积一定密度的细胞悬液分装到数个培养瓶中,并补入适量新鲜培养基至工作液体积,轻轻吹打混匀后将培养瓶立于培养箱中继续培养;

(2)离心传代法。将细胞悬液转移到离心管中,800~1000 r/min 离心 4~5 min,弃上清液,加入适量新鲜培养基重悬细胞沉淀至一定浓度,然后分瓶培养。

参考文献

[1] R.I.弗雷谢尼.动物细胞培养——基本技术指南[M].第 5 版.北京:科学出版社,2008.

实验二

LPS 诱导小鼠巨噬细胞炎症反应及 NO 的检测

1 实验目的

（1）利用 LPS 刺激巨噬细胞建立体外细胞炎症模型。

（2）掌握炎症反应检测的原理和方法。

2 实验原理

巨噬细胞是免疫细胞，源自单核细胞，能对细胞残片及病原体进行吞噬，并能激活淋巴细胞或其他免疫细胞对病原体做出反应。巨噬细胞通常被用来作为体外细胞炎症模型，用于研究炎症反应或某些化合物对炎症反应的影响作用。

脂多糖（lipopolysaccharide，LPS）是革兰氏阴性细菌细胞壁的组成成分，由脂质和多糖组成的复合物，是一种内毒素和重要的群特异性抗原（group-specific antigen）。研究表明，LPS 通过目标细胞膜上 Toll 样受体 4（toll-like receptor 4，TLR4）和接头蛋白 MyD88 的作用，启动细胞内一系列信号，使目标细胞产生免疫应答，激活 NF-kB 炎症通路，产生炎症因子 IL-6、TNF-α 等。NO（nitric oxide，NO）广泛分布于生物体内神经、循环、呼吸、消化、泌尿生殖等系统中，特别是在神经组织中较丰富。作为细胞间及细胞内的信息物质，NO 发挥信号传递的作用。有三种 NO 合成酶，分别是内皮细胞 NO 合成酶、神经元 NO 合成酶和诱导型 NO 合成酶。当炎症发生时，诱导型 NO 合成酶表达水平上升，产生大量的 NO。所示，细胞 NO 信号增强，通常用来指示炎症反应的发生（LPS 刺激炎症途径与 NO 产生示意图见图 2-1）。

NO 在体内或水溶液中极易氧化生成 NO_2^-，在酸性条件下，NO_2^- 与重氮盐磺酸胺生成重氮化合物，进一步与萘基乙烯基二胺偶合，产物在 540~550 nm 处有特征吸收峰，测定其吸光值，可以计算 NO 含量。

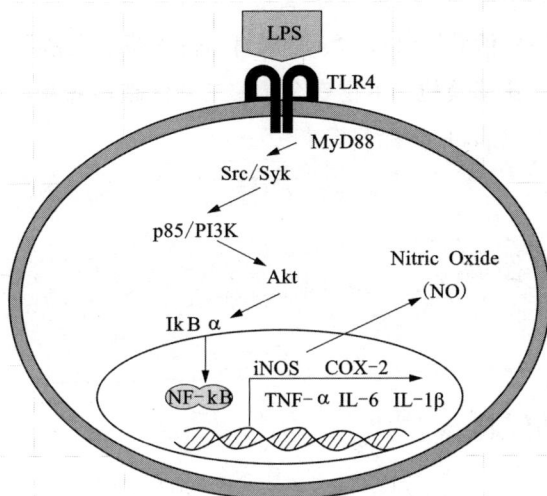

图 2-1　细胞外信号 LPS 激活 NF-kB 炎症途径

3　实验材料、试剂和仪器

3.1　实验材料

小鼠巨噬细胞 RAW264.7。

3.2　实验试剂

高糖培养基（DMEM）、胎牛血清（FBS）、链霉素—青霉素（p/s）、磷酸缓冲液（PBS）、75%酒精、脂多糖（LPS）、NO 试剂盒等（注意：购买的试剂盒使用方法根据公司产品说明书调整）。

3.3 实验仪器

100 mm×20 mm 细胞培养皿(细胞培养瓶)、15 mL 离心管、50 mL 离心管、Eppendorf管、96 孔细胞板、一次性移液管、巴氏管、酒精灯、打火机、酒精喷壶、酒精棉球、细胞计数板、无菌针管、Eppendorf 移液枪、生物安全柜、二氧化碳培养箱、倒置显微镜、蒸汽灭菌锅、纯水机、低速离心机、Epoch 酶标仪等。

4 实验方法与步骤

4.1 细胞培养基配制

根据三种溶液体积比配置完全培养液：DMEM 培养基：胎牛血清：双抗(0.5%链霉素—青霉素)= 89：10：1。

4.2 细胞培养方法

1)细胞复苏

(1)将巨噬细胞 RAW264.7 从液氮罐中取出，迅速放于 37℃ 水浴锅中摇晃解冻。

(2)在生物安全柜中将其转入 15 mL 离心管中，加入 1~3 mL DMEM 培养基，1000 r/min 离心 5 min，或 1200 r/min 离心 3 min，弃上清液。

(3)加入 10 mL 完全培养液重悬细胞，接种至无菌培养皿(100 mm×20 mm)后，放于 37℃，5% CO_2 培养箱中培养。

2)细胞传代

(1)在倒置显微镜下观察细胞贴壁生长达到 80%~90% 培养皿面积时，用移液枪将细胞轻轻吹下，或用细胞刮轻轻刮下，吹打悬浮。然后将其转移至 15 mL 离心管中，1200 r/min 离心 3 min，弃去上清液。

(2)加入 10 mL 完全培养液重悬细胞，接种至无菌培养皿(100 mm×20 mm)或 75 mL 培养瓶中，放置于 37℃，5% CO_2 培养箱中培养，以增加细胞活性。

4.3　利用 LPS 建立炎症模型

（1）待细胞生长到对数期（细胞贴壁生长面积占培养皿面积的 80%～90%），吸去培养液，用细胞刮轻轻刮下细胞。加入 10 mL 完全培养液，吹打悬浮，吸取 10 μL 细胞悬浮液，注入细胞计数板中观察计数。调整细胞浓度为 1×10^5 个/mL，取一个 96 孔板，在所设置区域（横向 3 至 9，纵向 B 至 G 区域）的每孔中加入 100 μL 细胞悬浮液（示意图 2-2）。放置于 37℃，5% CO_2 的恒温培养箱培养 12~24 h（根据细胞生长情况而定时间）。

（2）弃去孔中培养基，设置空白组（第 2 列，2B 至 2G）、对照组（第 3 列，3B 至 3G）与实验组（第 4 至第 9 列，每列中间六个孔）。空白组加入 100 μL 的完全培养液，对照组加入完全培养液（这一列有细胞），实验组从第 4 列至第 8 列（种植了细胞），分别加入 100 μL 含 0.2 μg/mL、0.4 μg/mL、0.6 μg/mL、0.8 μg/mL、1.0 μg/mL、1.2 μg/mL LPS 的完全培养液。加样时 96 孔板外圈加入 PBS 以防止水分蒸发，37℃，5% CO_2 培养箱中培养 48 h。

1	2	3	4	5	6	7	8	9	10	11	12	
	空白组	对照组	0.2 μg/mL	0.4 μg/mL	0.6 μg/mL	0.8 μg/mL	1.0 μg/mL	1.2 μg/mL				A
												B
												C
												D
												E
												F
												G
												H

图 2-2　96 孔板中不同 LPS 浓度布板示意

空白组：完全培养基；对照组：细胞+完全培养基；处理组：细胞+完全培养基+LPS

4.4　测定细胞 NO 分泌量

将 4.3 节培养 48 h 后的 96 孔板中上清液 100 μL 对应移置于一个新的 96 孔板中，按照下表先后加 NO 试剂盒套装中的试剂 1、试剂 2 和试剂 3。

	对照组	实验组
样品/μL	100	100
试剂 1/μL		50
试剂 2/μL	50	
试剂 3/μL	50	50

混匀，4℃室温静置 15 min，用酶标仪检测，空白组调零，测定 550 nm 处吸光度，吸光度用 A_{550} 表示。

5　实验数据记录和处理

根据试剂盒说明书给出的标准回归方程计算 NO 含量（$\mu mol/10^4 cell$），分析 LPS 浓度与 NO 含量的关系，并叙述原理。

6　实验注意事项

（1）整个实验需在无菌环境下操作，防止微生物感染。

（2）注意 96 孔板种板时尽量使细胞分布均匀。

（3）NO 试剂盒 2~8℃保存，在避光条件下添加。

参考文献

[1] Förstermann U, Sessa W C. Nitric oxide synthases: Regulation and function[J]. Eur. Hear. J. 2012, 33(7): 829-837.

[2] Hong Y H, Kim J H, Cho J Y. Ranunculus bulumei Methanol Extract Exerts Anti-Inflammatory Activity by Targeting Src/Syk in NF-kB Signaling[J]. Biomolecules, 2020, 10(4): 546.

实验三
细胞增殖能力的检测——CCK-8 法

1　实验目的

掌握检测细胞增殖能力的基本操作。

2　实验原理

针对在不同处理条件下的细胞，为了观察作用物对其增殖的影响，可以采用 CCK-8（cell-counting kit 8）法进行检测。CCK-8 试剂中含有四唑盐 WST-8[化学名：2-(2-甲氧基-4-硝苯基)-3-(4-硝苯基)-5-(2，4-二磺基苯)-2H-四唑单钠盐]，在电子耦合试剂存在的情况下，WST-8 可被线粒体内的脱氢酶还原生成一种水溶性的橙黄色甲䐀染料（formazan），产生的甲䐀染料与活细胞数量成正比。通过比色，可以动态地量化活细胞的数量，从而对细胞增殖或药物毒性进行检测。

3　实验材料、试剂和仪器

3.1　实验材料

细胞系（HEK293T、巨噬细胞 RAW264.7）、DMEM 培养基、完全 DMEM 培养基、CCK-8 试剂、受试物。

3.2　实验仪器

生物安全柜、CO_2 细胞培养箱、酶标仪、不同规格移液器、96 孔板。

4　实验方法与步骤

4.1　用 CCK-8 试剂测定细胞增殖曲线

(1)在 96 孔板中接种细胞悬液（100 μL/孔），根据细胞生长速度确定铺的细胞数目（1000~2000 个细胞/孔），布板如图 3-1 所示（从左至右分别用 1 至 12 表示，从上至下分别用 A~H 表示，灰色区域接种细胞）。放在 CO_2 细胞培养箱中培养 6 h 之后，在每孔中加入 10 μL 的 CCK-8 溶液（按照说明书进行操作，注意不要产生气泡，气泡会影响 OD 值的读数）。

(2)将培养板置于 CO_2 细胞培养箱内孵育 2~4 h，注意每次孵育时间应相同，否则孵育时间越长，OD 值越大，会对增殖曲线的绘制产生影响。

(3)用酶标仪测定在 450 nm 处的吸光度，记为 day 0。

(4)根据上述步骤，依次用酶标仪检测细胞接种 1 d，2 d，…，5 d 后在 450 nm 处的吸光度。

(5)对数据进行统计分析后，绘制增殖曲线。

4.2　用 CCK-8 试剂检测药物毒性

(1)将对数期生长的巨噬细胞 RAW264.7 调整细胞浓度为 $1×10^5$ 个/mL，每孔 100 μL 细胞悬液接种于 96 孔板，放置于 37℃，5% CO_2 的恒温培养箱培养 12 h。

(2)弃去孔中培养液，设置空白组(不含细胞，只有完全培养液)、对照组(细胞+完全培养液)与实验组(细胞+完全培养液+不同浓度的药物)。每个水平(C1 至 C6 浓度梯度)设置 6 个复孔。加样时 96 孔板外圈加入 PBS 以防止水分蒸发，在 37℃，5% CO_2 培养箱中培养 24 h。

(3)直接向每孔加入融化至室温的 CCK-8 试剂 10 μL，注意不要将气泡引入空中，否则会干扰 OD 的读数。（图 3-1 中灰色区域为不同实验组）

(4)在培养箱中孵育 4 h，孵育时间越长，OD 值越大，注意孵育时间勿过长。

(5)使用酶标仪在 450 nm 处测定吸光度，计算细胞的存活率。实验每组设置 6 个复孔，3 次重复。

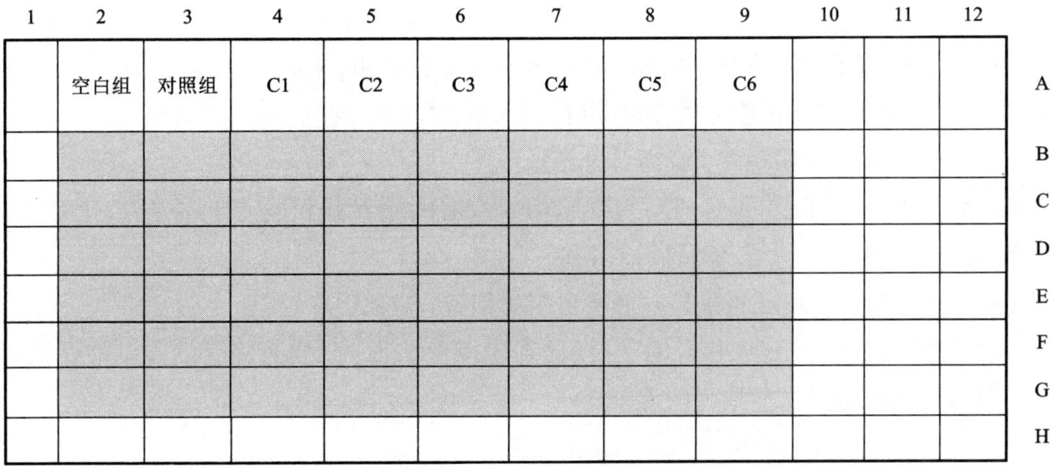

	1	2	3	4	5	6	7	8	9	10	11	12	
		空白组	对照组	C1	C2	C3	C4	C5	C6				A
													B
													C
													D
													E
													F
													G
													H

图 3-1　96 孔板中不同 LPS 浓度布板示意

空白组：完全培养基；对照组：细胞+完全培养基；处理组：细胞+完全培养基+药物

5　实验数据记录和处理

（1）本实验数据由酶标仪在 450 nm 处每个孔对应的吸光度构成，实验数据重复性对实验结果很重要。

（2）每个实验孔数据都应去除空白对照值（空白对照值：以 HEK293K 为例，只含有 DMEM 的孔在 450 nm 处的吸光度，这一步骤是为了排除培养基的本底值对吸光度的影响）。

（3）绘制细胞增殖曲线时，遵循以下公式（以 day1 为例）：

$$细胞增殖率(\%) = \frac{OD_{实验组(day1)} - OD_{空白对照(day1)}}{OD_{对照组(day1)} - OD_{空白对照(day1)}} \times 100\%$$

（4）药物毒性检测实验中细胞存活率换算公式为：

$$细胞存活率(\%) = (OD_A - OD_C)/(OD_B - OD_C) \times 100\%$$

式中：A 为实验组吸光度；B 为对照组吸光度；C 为空白组吸光度。

6 实验注意事项

(1)96孔板铺板时需注意,在铺板完成后不可摇晃平板,摇晃平板会使细胞不匀,然后静置5 min,小心翼翼转移至培养箱即可。

(2)CCK-8需要现用现配,且需要避光操作。

(3)配制10% CCK-8的溶剂要与细胞培养所需的培养基相同,如细胞为HEK293T,则用无血清的DMEM作为溶剂配制CCK-8。

(4)接种细胞时,96孔板最外一圈不要接种细胞,避免边缘效应。

(5)设置组别时,应建立相应的空白组(即未接种细胞、仅含有完全培养基的孔),以消除培养基的OD值对实验造成的误差。

实验四

Western-Blotting 检测细胞因子的表达水平

1　实验目的

（1）掌握 Western-Blotting 杂交方法的原理及方法。

（2）熟悉细胞因子概念和检测方法。

2　实验原理

细胞因子是一类由多种免疫细胞分泌的小分子肽或者糖蛋白，通过细胞受体发挥多种生物学功能，如调节细胞生长、分化成熟，调节免疫应答，参与炎症反应和肿瘤消长等。细胞因子根据不同功能可以分为：①白细胞介素（interleukin, IL），如白细胞介素 IL-6；②肿瘤坏死因子（tumor necrosis factor, TNF），如单核细胞或巨噬细胞产生的单核因子；③趋化因子家族（chemokine family），如单核细胞趋化蛋白-1（MCP-1/MCAF）；④干扰素（interferon, IFN），如 IFN-α、IFN-β 和 IFN-γ；⑤转化生长因子-β 家族（transforming growth factor-β family, TGF-β family），如 TGF-β1；⑥集落刺激因子（colony stimulating factor, CSF）。

检测细胞因子包括检测细胞因子的表达水平和细胞因子的功能。检测细胞因子的表达水平有多种方法，通常用酶联免疫吸附实验（enzyme-linked immunosorbent assay, ELISA）技术检测细胞培养液中的细胞因子。也可以用荧光定量 PCR（polymerase chain reaction, PCR）和蛋白质印迹技术（western-blotting, WB）检测细胞因子的 mRNA 和蛋白质水平，或直接通过荧光免疫技术和流式细胞仪检测。

WB 技术是根据抗体抗原能特异结合原理设计的。首先利用 SDS-聚丙烯酰胺凝胶电泳分离蛋白质，通过电转仪将凝胶上的蛋白质条带印迹到膜上（常用 PVDF 膜、NC 膜和尼龙膜）。因为需要检测的蛋白质（抗原）可以被"探针"（抗体）特异结合，这个抗体称为第一抗体，所以先将印迹了蛋白质的膜与抗体一起孵育一段时间，抗体与目标蛋白充分结合，漂洗后，再与抗体的抗体（称为第二抗体）一起孵育。第二抗体结合一些酶或标志可以通过不同方法显色或显影，所显示的位置就是目标蛋白显示的位置，显示条带的颜色深浅和粗细可以反映目标蛋白的相对表达量。可以通过灰度分析软件转化，定量得到目标蛋白的相对表达量。

蛋白质印迹的原理可以用图 4-1 表示。

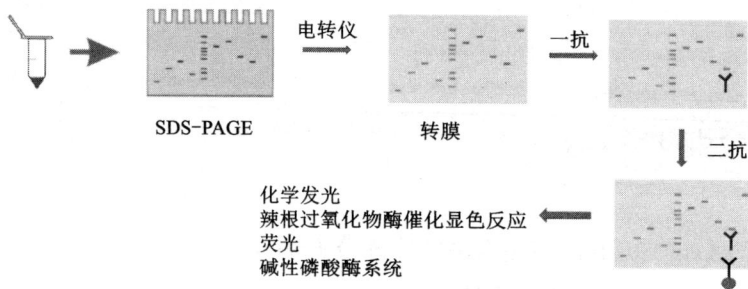

图 4-1　蛋白质印迹的原理

3　实验材料、试剂和仪器

3.1　实验材料

同实验二（无 LPS 处理的巨噬细胞和 1 μg/mL LPS 处理的巨噬细胞分别作为对照组和实验组材料）。

3.2　实验试剂

（1）RIPA 裂解缓冲液（4℃保存）、预染蛋白 Marker、BeyoECL Star 化学发光试剂盒、BCA 蛋白质浓度测定试剂盒、PVDF 膜、甲醇、SDS-PAGE 凝胶制备试剂盒、甘氨酸-Tris pH 8.6 电极缓冲液、脱脂奶粉、丽春红。

（2）5×上样缓冲液：40 μL 5×上样缓冲液（样品：5×上样缓冲液=4∶1）。

（3）完全裂解液配制：1mL RIPA 裂解液+10 μL 磷酸化蛋白酶抑制剂 A+10 μL 磷酸化蛋白酶抑制剂 B+10 μL 蛋白酶抑制剂 PMSF。

（4）10×TBS 缓冲液的配制：分别称取 4.0 g KCl，160 g NaCl 和 60 g Tris，溶解于 1.6 L 去离子水中，充分搅拌使其溶解，然后用浓盐酸调节 pH 至 7.4，并定容至 2 L，常温保存备用。

（5）1×TBST 缓冲液的配制：100 mL 10×TBS 中加入 900 mL 去离子水及 1 mL Tween-20，充分混匀，常温保存备用。

（6）一抗稀释液的配制：首先将 50 mL 10×TBS 用去离子水定容至 500 mL，高压灭菌，待冷却后，加入 0.5 mL Tween-20，搅拌混匀。再将 15 g BSA，5 mL 10% 叠氮化钠加入 500 mL 已高压灭菌的 TBST 中，磁力搅拌充分溶解，4℃保存备用。

（7）β-Actin 一抗 Goat Anti-Mouse IgG/(H+L)，TNF-α 或 IL-6 一抗 Goat Anti-Rabbit IgG/(H+L)，辣根过氧化物酶标记的二抗。

（8）转膜缓冲液：按照商品规格配制。

4　实验方法与步骤

4.1　细胞培养

根据实验二对小鼠巨噬细胞 RAW264.7 进行培养。巨噬细胞通过复苏、传代和计数后，接种密度为 $4×10^5$ 个细胞/10 cm 皿或 $1.5×10^5$ 个细胞/6 cm 皿。采用 DEME 完全培养液，将培养细胞置于37℃，5% CO_2 浓度的细胞培养箱中培养。24 h 后，对照组换新鲜培养液，实验组换含有 1μg/mL LPS 的培养液，各组设置 3 个重复。培养 48 h，吸去培养液，检测培养液 NO 的含量（见实验二方法），收集细胞。

4.2　细胞中总蛋白的提取

对收集的细胞沉淀，按 1 mg 新鲜细胞湿重加入 10 μL 细胞裂解液的标准提取细胞总蛋白。首先用裂解液充分吹散细胞并放置于冰上裂解 10 min。然后4℃，12000 r/min 离心 10 min，吸取上清液后转移至新的 1.5 mL EP 管中，即为全蛋白裂解液。

4.3　BCA 法测定样品蛋白浓度

（1）准备一个干净的 96 孔板。按表 4-1 加样，制备标准曲线。

表 4-1　配制标准品终浓度

编号	1	2	3	4	5	6	7
2 mg/mL 标准品/μL	0	0.5	1	2	3	4	5
PBS/μL	20	19.5	19	18	17	16	15
标准品终浓度/(μg/μL)	0	0.05	0.1	0.2	0.3	0.4	0.5

(2)对于待测样品,每个孔中分别加入 2 μL 待测蛋白样品和 18 μL PBS,共 20 μL。

(3)配制 BCA 工作液:根据待测孔的数目按每孔 200 μL 工作液的量来配制,其中 A 液与 B 液的比例为 50∶1,充分混匀。

(4)每孔加入 200 μL 的 BCA 工作液,60℃烘箱孵育 10 min。

(5)采用多功能酶标仪测定待测样品蛋白浓度:在 A_{562} 波长下检测样品的吸光度,仪器可根据标准品浓度及其吸光度自动绘制标准曲线($R^2 \geqslant 0.995$),从而根据吸光度来确定样品蛋白浓度。

4.4　Western-Blotting 实验步骤

(1)样品处理:将经 BCA 法测定浓度的蛋白样品,用 5×SDS-PAGE 上样缓冲液统一稀释至蛋白浓度为 2μg 总蛋白/μL,混匀,95℃加热 5 min,15000g 离心 5 min。

(2)电泳梯度胶的制备:根据 SDS-PAGE 凝胶制备试剂盒说明,配制 12%的分离胶和 5%的浓缩胶,如表 4-2、表 4-3 所示。

表 4-2　12%分离胶配方

分离胶浓度	12%	
H₂O/μL	3400	1700
30%丙烯酰胺(29∶1)/μL	4000	2000
4×Tris-SDS 分离胶缓冲液/μL	2500	1250
AP(过硫酸铵)/μL	100	50
TEMED/μL	5	2.5
总体积/μL	10000	5000

表4-3　5%浓缩胶配方

浓缩胶浓度	5%			
H₂O/μL	1750	2630	3500	5250
30%丙烯酰胺(29:1)/μL	500	750	1000	1500
4×Tris-SDS 浓缩胶缓冲液/μL	750	1130	1500	2250
AP(过硫酸铵)/μL	30	45	60	90
TEMED/μL	4	6	8	12
总体积/μL	3000	4500	6000	9000

（3）上样量：$20\sim50$ μg 总蛋白/泳道（上样时不要吸到沉淀），多余的泳道加等体积的 $1\times$SDS-PAGE 上样缓冲液，预染蛋白 Marker 上样量为 5μL/泳道。

（4）蛋白电泳：根据商品说明将电极缓冲液粉溶解定容，120 V 恒压电泳约 60 min。

（5）转膜。

①转膜缓冲液的配制：将一包转膜缓冲液粉末溶于 900 mL 去离子水中，然后加入 100 mL 甲醇，充分混匀。

②PVDF 膜及滤纸处理：先剪大小与胶一致的 PVDF 膜和六张滤纸，并将 PVDF 膜浸入甲醇 $2\sim3$ min，然后在去离子水中浸泡 2 min，再将膜放入 $1\times$转膜缓冲液中平衡 5 min；滤纸直接放入 $1\times$转膜缓冲液中平衡即可。

③转移夹：黑色对应负极，白色对应正极。

从黑色→白色依次为：海绵→3 层滤纸→凝胶→PVDF 膜→3 层滤纸→海绵（从转移夹的一角缓慢放置，注意排气泡），关好夹子（均在液面下进行，注意一定要赶气泡），快速放入盛有 1 L 转膜缓冲液的电泳槽的架子中，并在电泳槽中放入 1 个冰盒。转膜时，电泳槽外面要用冰块包埋。

④转膜电流和时间：300 mA 恒流，一般按目的蛋白的分子量 1 kDa/min 计算转膜时间。

⑤电转效果检测：将 PVDF 膜置于反应盒中（印迹蛋白的一面朝上），加丽春红，染色 $1\sim3$ min，此时若膜上有蛋白可以看到条带（未出现条带也没关系）。然后根据彩虹 Marker 位置和丽春红染色的条带剪出目的条带（可将 PVDF 膜放在 PE 手套中，根据彩虹 Marker 位置用铅笔将目的条带范围描出后再剪，用圆珠笔在彩虹 Marker 泳道上将剪出的目的条带和内参条带按分子量大小依次编号，标注正反面）。

（6）封闭。

$10\times$TBS 配制：NaCl 80 g/L，KCl 2 g/L，Tris-base 30 g/L，HCl 调 pH 至 7.4，定容至 1L，4℃保存。

$1\times$TBST 配制：30 mL $10\times$TBS，1.5 mL Tween-20，定容至 300 mL，室温保存。

Western-Blotting 封闭液：称取 2.5 g 脱脂奶粉，溶于 50 mL 1×TBST 溶液中。

将丽春红染色后剪出的目的条带取出，先用 TBST 洗涤至丽春红颜色褪去，然后用 Western-Blotting 封闭液室温轻摇封闭 1.5 h。

取出经 Western-Blotting 封闭液封闭的 PVDF 膜，用蒸馏水洗涤 PVDF 膜（2 次，每次 5 min），室温下于摇床上缓慢摇动，去除多余的封闭液。

（7）孵育一抗。

将脱脂奶倒掉，加入 1×TBST 清洗一次，根据一抗（TNF-α 或 IL-6）的稀释比例（1∶1000）加入 5% 胎牛血清白蛋白和抗体，水平摇床孵育 30 min，4℃ 静置过夜（应注意过夜时间不超过 12 h）。吸出一抗回收于 4 mL 离心管中，做好标记，-20℃ 保存。用 1×TBST 洗膜 3 次，每次清洗 8~10 min。

（8）孵育二抗。

将 4 mL 5% 脱脂奶和 0.8 μL 二抗（5000∶1）加入孵育盒，水平摇床孵育 2 h。用 1× TBST 洗膜 5 次，每次清洗 5~7 min。

（9）显色。

等体积混合 BeyoECL Star A 液和 B 液，室温放置备用。用镊子将膜取出，用滤纸吸去多余液体，然后置于保鲜膜上。每条膜均匀加 1 mL BeyoECL Star 工作液，放置 2~3 min，进行荧光显色。弃去工作液，并吸去多余的液体。将膜放在两保鲜膜之间，进行压片检测。可以设置不同的压片时间，β-Actin 压片时间分别设置为 10 s，20 s，30 s，40 s，50 s；TNF-α 或 IL-6 曝光时间为 20 s 或 30 s，进行拍摄。

5　实验数据记录与处理

（1）记录 BCA 试剂盒测定的总蛋白质浓度数据。

（2）对丽春红染色后的膜进行拍照，并根据预染蛋白 Marker 分析目标蛋白质位置和内参蛋白质位置。

（3）拍照记录相应标准蛋白 Marker 的位置、目的蛋白名称、样品名、日期等信息。

6　实验注意事项

（1）保证上样蛋白质有一定的浓度，每个点样孔中蛋白质保证 20~50 μg。

（2）转膜完毕后一定要分清楚膜的正反面，PVDF 膜靠黑色负极的一面为正面（印迹蛋白的一面），最好用圆珠笔在膜正面作好标记，并将蛋白 Marker 描深，以免颜色褪去。

（3）PVDF 膜用前须用甲醇浸泡。

实验五

细胞克隆形成实验

1　实验目的

检测细胞在培养板上的克隆形成能力。

2　实验原理

克隆形成是测定细胞转化能力的有效方法之一。单个细胞在体外分裂持续 6 代以上，其后代所组成的细胞群称为克隆。这时每个克隆含有 50 个以上的细胞，大小为 0.3 ~ 1.0 mm，通过计数克隆形成率，可对单个细胞的转化潜力做定量分析，了解细胞的转化能力和是否有接触抑制情况。细胞克隆形成率反映了细胞群体依赖性和增殖能力两个重要性状，可以检测药物对肿瘤细胞生长和增殖的抑制能力。

细胞克隆实验原理示意图如图 5-1 所示。

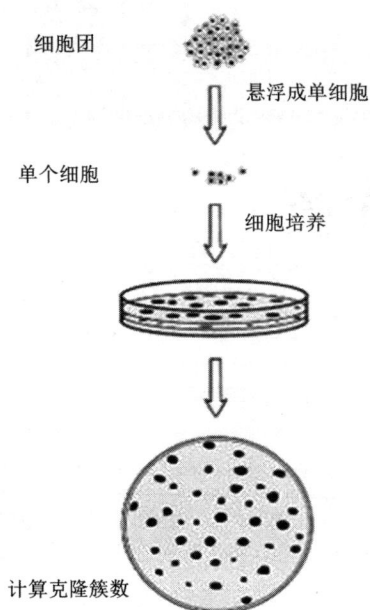

细胞团

悬浮成单细胞

单个细胞

细胞培养

计算克隆簇数

图 5-1　细胞克隆实验原理示意图

3　实验材料、试剂和仪器

3.1　实验材料

肿瘤细胞完全培养基、胰蛋白酶、PBS、结晶紫、4%多聚甲醛。

3.2　实验仪器

生物安全柜、荧光显微镜、离心机、倒置显微镜、CO_2细胞培养箱。

4　实验方法与步骤

(1)准备细胞:将处于对数生长期的各实验组细胞用0.25%胰蛋白酶消化,吹打成单个细胞重悬于完全培养基中,制成细胞悬液,计数。

(2)细胞接种:于6孔板中接种500~1000个细胞/孔(正常增殖速度为1:5~1:10传代、3天长满细胞,可以接种500个细胞/孔,其余增殖缓慢的细胞,可以接种800~1000个细胞/孔;接种时注意梯度稀释细胞悬液,观察细胞密度,以免因计数不准确导致实验结果偏差),每个实验组设3个复孔,培养基为含10%~20% FBS的完全培养基,具体参照细胞增殖速度选定对应的FBS浓度,如正常增殖速度为1:5~1:10传代、3天长满的细胞,可选择10% FBS;增殖缓慢的细胞,可选择20% FBS。

血球计数板的基本操作:以中皿为例,将细胞收集之后混悬为1 mL的细胞悬液,取出一部分进行20倍稀释(大皿细胞1 mL混悬液需至少进行50倍稀释),然后保证10 μL的细胞悬液里有100~150个细胞,这样在用血球计数板进行细胞计数的情况下,每一大格有30个左右的细胞,这样细胞计数较为准确。

(3)将接种好的细胞摇匀后轻放于培养箱中继续培养,每隔3天进行换液并观察细胞状态,显微镜下观察克隆大小(复孔之间克隆大小应相似),待单个克隆生长到肉眼可见,克隆簇直径大约为1 mm,则可进行下一步。

(4)弃上清液,用1×PBS洗涤细胞1次。

(5)每孔加入1 mL 4%多聚甲醛(有毒,注意在通风橱中操作)固定细胞,室温固定30 min,固定结束后将固定液吸除,用1×PBS洗涤细胞1次,将残余固定液清除干净。

(6)每孔加入洁净、无杂质0.1%结晶紫染液1000 μL,室温染色15 min。

(7)待染色结束,用ddH$_2$O洗涤细胞数次,以克隆簇周围没有结晶紫染料残余为准,室温晾干,数码相机拍照。

5　实验数据记录和处理

将直径为1 mm网格放置于6孔板底部,统计直径大于或等于1 mm的克隆并计数。克隆簇数据统计遵循"计上不计下,计左不计右"的原则,待每孔克隆簇统计收集完成后,进一步采用统计学方法进行显著性分析。

6　实验注意事项

（1）铺板时细胞须为单细胞状态，否则会影响克隆的大小和对细胞增殖能力的判断。

（2）对于贴壁不牢的细胞，在固定、漂洗等操作过程中要格外注意，防止外力使克隆簇脱落，导致对细胞增殖能力的误判。

（3）铺板时，要根据细胞特性来选择铺板的细胞数目，如细胞体积较大，以六孔板为例，则可以将铺板数降为 500 个细胞/孔，而细胞体积较小的时候，比如 SW620，则可将铺板数升为 2000 个细胞/孔。

参考文献

［1］ Cai L, Qin X, Xu Z, et al. Comparison of Cytotoxicity Evaluation of Anticancer Drugs between Real-Time Cell Analysis and CCK-8 Method［J］. ACS Omega, 2019, 4(7)：12036-12042.

［2］ Borowicz S, Van Scoyk M, Avasarala S, et al. The soft agar colony formation assay［J］. J. Vis. Exp. 2014 (92)：e51998.

实验六

流式细胞仪检测细胞凋亡

1　实验目的

(1)鉴定细胞凋亡形态。

(2)准确进行凋亡细胞的计数。

(3)进行特异的定性分析和定量分析。

2　实验原理

本实验使用 Annexin V-Alexa Fluor488/PI 细胞凋亡检测试剂盒(上海翌圣生物科技有限公司：40305ES50)，采用与 Alexa Fluor488 偶联的 Annexin V 和荧光燃料碘化丙啶(propidium iodide，PI)作为探针，来检测细胞凋亡和坏死的发生。其原理为：Annexin V 作为探针可与磷脂酰丝氨酸紧密结合。细胞在正常状况下，磷脂酰丝氨酸位于细胞膜内，Annexin V 无法通过细胞膜与之结合，然而，在细胞发生凋亡的早期或晚期阶段，细胞内的磷脂酰丝氨酸由膜内转到膜外，这时 Annexin V 可与磷脂酰丝氨酸结合从而来标志早期或晚期凋亡的细胞；PI 作为生物大分子，不能透过细胞膜，但晚期凋亡或坏死细胞的细胞膜具有通透性，PI 则可跨过细胞膜从而将细胞核染色。因此，此试剂盒便可以用 Annexin V 标定凋亡早期或晚期的细胞，用 PI 来标定凋亡晚期和坏死的细胞。将 Annexin V 与 PI 联合使用时，PI 染色则排除活细胞(Annexin V-/PI-)和早期凋亡细胞(Annexin V+/PI-)，晚期凋亡细胞能同时被 Annexin V 和 PI 染色(Annexin V+/PI+)，而坏死时，细胞膜完整性受到破坏，Annexin V 不能与磷脂酰丝氨酸结合，但细胞核却能被 PI 着色(Annexin V-/PI+)。

3 实验材料、试剂和仪器

3.1 实验材料

细胞凋亡检测试剂盒、完全培养基、1×PBS、不含 EDTA 的胰酶、锡箔纸。

3.2 实验仪器

流式细胞仪、离心机。

4 实验方法与步骤

(1)收集细胞：将细胞从培养箱里拿出(以六孔板为例)，吸除培养基，用 PBS 清洗细胞，将 PBS 吸除干净之后，用提前预热于 37℃ 且不含 EDTA 的胰酶消化细胞(500 μL/孔)，此过程要严格注意消化时间，可在显微镜下边观察边消化。待细胞触角消失，形态变圆，便用完全培养基终止消化，制成细胞悬液。将细胞悬液于 1000 r/min 离心 5 min，收集细胞沉淀。

(2)将细胞沉淀用 PBS 洗涤 2 次，并离心得细胞沉淀(4℃，1000 r/min，5 min)。

(3)用双蒸水将结合缓冲液稀释至 1×，每管细胞沉淀中加入 250 μL 配置好的结合缓冲液。

(4)取 100 μL 细胞悬液于 5 mL 流式管中，加入 5 μL Annexin V 和 10 μL PI，轻轻混匀。

(5)用锡箔纸将样品覆盖住以避光，室温反应 15 min。

(6)往细胞样品中加入 400 μL PBS，混匀(注意：为避免荧光猝灭，样品最好在 1 h 内上机检测)。

(7)安装流式细胞仪所对应的软件，进行数据分析。

5　实验数据记录和处理

　　具体实验数据记录以仪器所匹配的流式细胞分析软件为准，但应做到：实验必须设有阴性对照和阳性对照，且每组样品重复数大于或等于 3，以便于后期统计，分析数据。

6　实验注意事项

　　(1)细胞处理完成后，对细胞消化需注意两点：第一，胰酶应不含 EDTA(含 EDTA 的胰酶消化能力更强，会影响细胞凋亡率测定，使凋亡率增高)；第二，消化过程应时刻关注，过度消化会发生假阳性。

　　(2)样品上机之前，要先预热流式细胞仪，样品处理完后即刻上机检测，防止时间过长，影响荧光采集，最终导致数据不准确。

实验七

大孔吸附树脂分离纯化玫瑰茄花色苷

1 实验目的

（1）了解花色苷的理化性质。

（2）掌握大孔吸附树脂的分离纯化方法。

（3）掌握 HPLC 检测玫瑰茄花色苷的方法。

2 实验原理

玫瑰茄属于药食两用植物资源，含有丰富的花色苷，主要包括飞燕草素糖苷和矢车菊素糖苷两大类，是极其重要的天然色素资源，已被广泛应用于国内外食品、保健品与化妆品等领域。目前柱层析法，即大孔吸附树脂分离纯化技术因其简单、安全、利用率高等特点，被广泛应用于玫瑰茄花色苷的分离纯化。

大孔吸附树脂是一种具有大孔结构的有机高分子共聚体，因其具有多孔性结构而具筛选性，又由于表面吸附、表面电性或形成氢键而具有吸附性。大孔吸附树脂有非极性（HPD-100、HPD-300、D-101、X-5、H103 等）、弱极性（AB-8、DA-201、HPD-400 等）、极性（NKA-9、S-8、HPD500 等）之分，理化性质稳定，一般不溶于酸碱和有机溶剂，在水和有机溶剂中因吸收溶剂而膨胀。

大孔树脂吸附技术是以大孔树脂为吸附剂，利用其对不同成分的选择性吸附和筛选作用，通过选用适宜的吸附和解吸条件借以分离、提纯某一种或某一类有机化合物的技术。吸附分离依据相似相溶的原则，一般非极性树脂适于从极性溶剂中吸附非极性有机物质，强极性树脂适于从非极性溶剂中吸附极性物质，而中等极性树脂不仅能从非水介质中吸附极性物质，也能从极性溶剂中吸附非极性物质。大孔吸附树脂技术广泛应用于制药及天然植物活性成分的提取分离等研究。

3　实验材料、试剂和仪器

3.1　实验材料

玫瑰茄干原料(粉碎至60目备用)；大孔树脂(HPD-100、D-101、AB-8、DA-201、S-8、NKA-9)。大孔树脂主要参数如表7-1所示。

表 7-1　大孔树脂主要参数

树脂型号	极性	平均孔径/μm	比表面积/$(m^2 \cdot g^{-1})$
HPD-100	非极性	85~90	650~700
D-101	非极性	90~100	500~550
AB-8	弱极性	130~140	480~520
DA-201	弱极性	90~100	450~500
S-8	极性	280~300	250~290
NKA-9	极性	155~165	250~290

3.2　实验试剂

95% 乙醇、氢氧化钠、盐酸、磷酸、乙腈。

3.3　实验仪器

Φ30×250 mm 玻璃层析柱、电子天平、分析天平(1/10000)、超声波清洗器、恒温水浴锅、旋转蒸发仪、高效液相色谱仪、冷冻干燥仪。

4 实验方法与步骤

4.1 玫瑰茄花色苷原液的制备

先将玫瑰茄干原料粉碎至 60 目，再根据工艺条件提取玫瑰茄花色苷原液：准确称取 200 g 原料，料液比 1∶10，80℃热水提取 2 次，每次 1 h，提取液过滤后浓缩至 2000 mL 备用。

4.2 玫瑰茄花色苷的定量检测

（1）色谱条件
①色谱柱：Wondasil C18（4.6 mm ×250 mm，5 μm）；
②流动相：A：0.4%磷酸水；B：乙腈；
③波长：UV 520 nm；
④进样量：10 μL；
⑤流速：1.0 mL/min；
⑥柱温：30℃；
⑦梯度：按照表 7-2 设置。

表 7-2 梯度设置表

时间/min	0	5	15	20	25	27
A/%	88	86	82	82	88	STOP
B/%	12	14	18	18	12	

（2）标准样品制备：精密称取玫瑰茄花色苷标准样品用水溶解，使其浓度为 0.6 mg/mL，过 0.45 μm 滤膜，置冰箱贮存备用。

（3）待测样品溶液制备：精确量取 5 mL 过柱的溶液置于 25 mL 容量瓶中，加蒸馏水定容，摇匀，0.45 μm 滤膜过滤即为待测样品溶液。

（4）根据各峰峰面积，利用外标法计算玫瑰茄花色苷的含量。

4.3　树脂预处理

树脂湿法装柱，用95%乙醇充分浸泡六种树脂 HPD-100、D-101、AB-8、DA-201、S-8、NKA-9 约 24 h，然后用蒸馏水冲洗树脂至流出液无醇味，中性，备用。

4.4　大孔树脂纯化指标计算方法

大孔树脂纯化指标计算方法如式(7-1)~式(7-3)所示。

$$静态吸附率(\%) = \frac{A_0 - A_1}{A_0} \times 100 \qquad (7-1)$$

$$静态解吸率(\%) = \frac{A_2}{A_0 - A_1} \times 100 \qquad (7-2)$$

$$动态解吸率(\%) = \frac{A_5}{A_3 - A_4} \times 100 \qquad (7-3)$$

式中：A_0—吸附前溶液花色苷含量；A_1—吸附后溶液花色苷含量；A_2—解吸后溶液花色苷含量；A_3—柱层析上样液花色苷含量；A_4—柱层析水洗流出液花色苷含量；A_5—柱层析洗脱液花色苷含量。

4.5　大孔树脂的筛选

(1)静态吸附：6 种大孔树脂 HPD-100、D-101、AB-8、DA-201、S-8、NKA-9 经预处理后，分别称取 2 g 于三角瓶中，各加入 20 mL 玫瑰茄花色苷原液(4.1 小节)，在 25℃、100 r/min 下振荡 12 h，抽滤后根据4.2 小节测定花色苷含量，按照式(7-1)计算静态吸附率。

(2)静态解吸：称取吸附饱和的不同树脂各 1.0 g，分别加入 30 mL 70% 乙醇水溶液，在 25℃、100 r/min 下振荡 12 h，抽滤后根据4.2 小节测定花色苷含量，按照式(7-2)计算静态解吸率。

(3)根据静态吸附率与静态解吸率，筛选最佳大孔吸附树脂型号。

4.6　玫瑰茄花色苷最佳分离条件的确定

(1)洗脱液乙醇浓度确定：量取 5 份最佳型号大孔吸附树脂各 100 mL，湿法装柱。另根据4.5 小节中(1)得出的树脂饱和吸附量确定好上样量，以 1 BV/h 流速过柱吸附，静置 30 min 后，用 2 BV 水洗脱除杂，收集水洗流出液，再分别用浓度为 10%、30%、50%、

70%、90%的乙醇以 1 BV/h 流速洗脱,分别收集各洗脱液馏分 1 BV,测定花色苷含量,根据式(7-3)计算动态解吸率。

(2)洗脱流速确定:同(1),收集水洗流出液后,选用最佳浓度乙醇分别以 1 BV/h、1.5 BV/h、2 BV/h、2.5 BV/h、3 BV/h 流速洗脱,收集洗脱液 4 BV,测定花色苷含量,根据式(7-3)计算动态解吸率。

(3)洗脱体积确定:同(2),用最佳浓度乙醇以最佳流速洗脱,按柱体积分段收集洗脱液 1BV、2BV、3 BV、4BV,测定花色苷含量,根据式(7-3)计算动态洗脱率。

4.7　玫瑰茄花色苷样品的制备

取 20 g 玫瑰茄原料提取后,依据4.5小节及4.6小节步骤优化出的大孔树脂分离玫瑰茄花色苷的最佳工艺(树脂型号、洗脱液浓度、洗脱流速、洗脱体积)进行分离,收集洗脱液,60℃以下真空旋转浓缩,冷冻干燥,得到玫瑰茄花色苷样品,称重并检测其含量。

5　实验数据记录和处理

(1)计算玫瑰茄花色苷的回收率。

$$回收率(\%)=\frac{样品重量\times样品花色苷含量}{原料重量\times原料花色苷含量}\times100\%$$

(2)讨论影响玫瑰茄花色苷回收率的因素。

6　实验注意事项

(1)树脂装柱:预处理好的树脂以水为溶剂湿法装柱,层析柱保持垂直,在树脂中加入少量水,搅拌后倒入层析柱,使其自然沉降,注意不要干柱,以免气泡进入,影响分离效果。

(2)应控制适当的上样吸附速度:流速过快时,树脂与被吸附物质分子间来不及充分接触,随着上样流速加大,从柱中泄漏出的液体也会不断加大,树脂的吸附量相对减小,影响实验结果。

(3)在实验过程中要严格保证单一变量,尤其注意洗脱液的收集及流速的控制,避免出现多变量从而造成错误。

实验八

高效液相色谱仪的使用方法及测定金银花中绿原酸含量

1　实验目的

(1)掌握从金银花中分离提取绿原酸的方法。

(2)掌握和熟悉高效液相色谱仪的基本操作方法。

2　实验原理

绿原酸(Chlorogenic acid)是一种多酚类化合物,分子式为$C_{16}H_{18}O_9$,在紫外光区335～350 nm有特征吸收峰,易溶于水、甲醇、丙酮等,具有抗氧化、抗菌、抗病毒、抗肿瘤、降血压、降血脂、提高白细胞数量、增强免疫调节、增香护色等作用。

高效液相色谱仪(HPLC)分析原理(图8-1):溶于流动相(mobile phase)中的各组分经过固定相时,由于与固定相(stationary phase)发生作用(吸附、分配、离子吸引、排阻、亲和)的大小、强弱不同,导致样品中各组分在固定相中的滞留时间不一致,从而先后从固定相中流出,随后样品中各组分以不同的速率通过色谱柱,则可通过合适的检测器将组分浓度转换成电信号传递到计算机的HPLC软件上。由于绿原酸等多酚类化合物在紫外光区有特征吸收峰,可以通过紫外检测器将光信号转变为电信号,运行结束后,在HPLC软件中就可以得到被测物(绿原酸)色谱图。如果先用绿原酸标准品配置一系列浓度梯度,测出不同浓度梯度下的峰高或峰面积,根据峰高或峰面积对应的样品浓度,绘制出标准曲线。再对未知样品进行检测,测出样品峰高或峰面积对应标准曲线,就可以得到样品浓度。根据标准品的出峰保留时间,可以初步判断未知样品中的成分组成,但是,要鉴定一个成分,还必须要有质谱、核磁等光谱学研究结果进行确定。

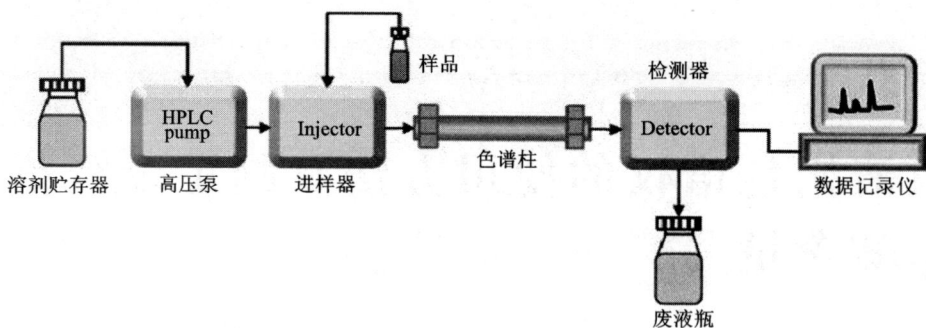

图 8-1　HPLC 分析原理图

3　实验材料、试剂和设备

3.1　实验材料

烘干的金银花、绿原酸标准品。

3.2　实验试剂

甲醇(色谱纯)、乙腈(色谱纯)、冰醋酸(分析纯)、75% 乙醇、超纯水、Carrez 试剂 A $[15 \text{ g } K_4Fe(CN)_6 \cdot 3H_2O]$、Carrez 试剂 B$(30 \text{ g } ZnSO_4 \cdot 7H_2O)$。

3.3　实验器材

注射器(1 mL)、滤头(0.22 μm)、进样瓶(2.5 mL)及盖子、定性滤纸(9 cm)、混合纤维素酯微孔滤膜(水系,0.45 μm)、聚偏氟乙烯微孔滤膜(F 型,0.45 μm)、过滤装置、蒸馏烧瓶、冷凝管、EP 管。

3.4　实验仪器

超声清洗仪、安捷伦 1260 高效液相色谱仪、ZORBAX SB-C18 色谱柱、SHZ-D 型循环水真空泵、数字控温电热套、RE-501A 型旋转蒸发仪、TP-A200 电子天平、超纯水机、粉碎机。

4　实验方法与步骤

4.1　金银花中绿原酸的提取

称取 0.50 g 金银花，置于磨口圆底烧瓶中，加入 40 mL 75% 的乙醇，用数字控温电热套加热至微沸状态，回流 20 min，回流 3 次。用 Whatman No.1 滤纸过滤，合并滤液，用 75% 乙醇定容至 100 mL。取 50 mL 滤液，先后加入 2.5 mL Carrze 试剂 A 和 25 mL Carrze 试剂 B，充分摇匀，沉淀 30 min。在 3500 r/min 下离心 20 min，取 35 mL 上清液置于旋转蒸发仪 60℃减压浓缩至无醇味。用 1 mL 甲醇溶解固体物，重复 4 次，每次洗液全部置于 25 mL 容量瓶中，用水定容至刻度线。用 EP 管装 1.5 mL 溶液，12000 r/min 离心 10 min，再用 0.45 μm 滤芯过滤至 HPLC 样品瓶中，保存于 -20℃。测定时，置于室温平衡后，直接用于进样。

4.2　用 HPLC 测定金银花中绿原酸的含量

1）流动相的配制

流动相：A：超纯水；B：甲醇；C：乙腈；D：0.5% 乙酸（用移液管量取 5 mL 乙酸至 1 L 的容量瓶中，用超纯水定容至刻度线）。

2）上样前流动相的准备：

（1）抽滤：B、C、D 抽滤过有机膜（粉红盒子），A 过水系膜（蓝色盒子）。

注意：抽滤开始和结束都要润洗装样的瓶子。抽滤完后先拔管子再关真空泵，防止倒吸。

（2）超声排气泡：四瓶流动相抽滤后超声 30 min，排气泡，超声后按照管子上 A、B、C、D 的标识旋紧盖子，准备好流动相。

3）开机

接通电源后，从上往下开机，顺序依次是：四元泵→进样器→柱温箱→VWD 紫外检测器。

启动软件：点击桌面软件 LC-1260（联机），再点击"下载到仪器"进入软件操作界面（图 8-2）。双击四元泵控制区 A、B、C、D 设置流动相实际容量和瓶子容量。注意填写实际容量时要少填 100 mL。

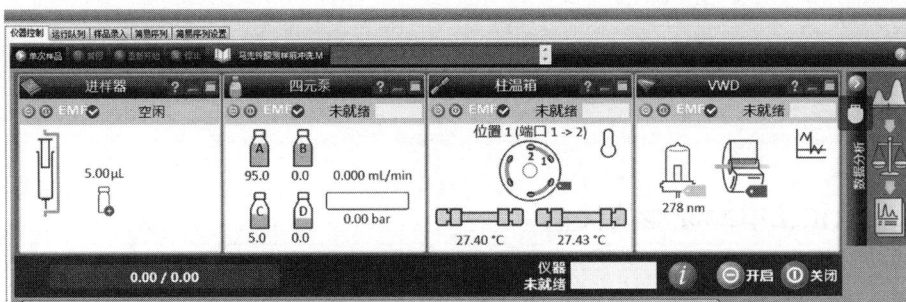

图 8-2　软件操作界面

4）排气泡

找到高压泵旋钮，左旋黑色旋钮打开泵，点击四元泵控制区绿色按钮启动四元泵。右击四元泵控制区，点击"方法"，进入调试方法界面。

流量设置为 5 mL/min，B、C、D 不选取，点击"确定"，进行流动相 A 排气泡，注意观察流动相 A 连接的管子里是否有气泡，未观察到气泡后，继续排气泡 1 min。1 min 后，右击四元泵控制区，点击"方法"，进入调试方法界面，勾选 B，填入 100，点击"确定"（图 8-3），进行流动相 B 排气泡。流动相 C、流动相 D 排气泡操作重复如上。

图 8-3　排气泡方法设置

5）测样前冲洗及设置

流动相排完气泡后，右击四元泵控制区，点击"方法"，进入调试方法界面。流量改为

1 mL/min，取消勾选 D，勾选 C，改为 5%，点击"确定"。右旋黑色旋钮关紧泵。观察四元泵控制区的柱压，等待。柱压稳定后，选中方法为"DEF_LC.M"（图 8-4）。

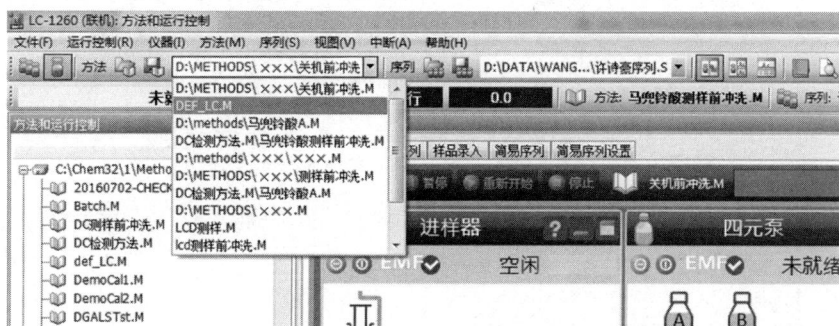

图 8-4　选择方法的操作界面

（1）四元泵流动相设置。

右击四元泵控制区，点击"方法"，进入"方法"调试界面，点击右下角的"添加"按钮可添加时间栏，设置条件为：[0，10.00]min 设置 100%B，[10.50，20.00]min 和[20.00，21.00]min 设置 10%C、90%D，流量设为 1 mL/min（图 8-5），点击"确定"。

图 8-5　测样前冲洗四元泵方法设置

（2）柱温箱设置。

右击柱温箱控制区，点击"方法"，进入"方法"调试界面，温度改为 35℃，阀选为"位置 1"（图 8-6），点击"确定"。

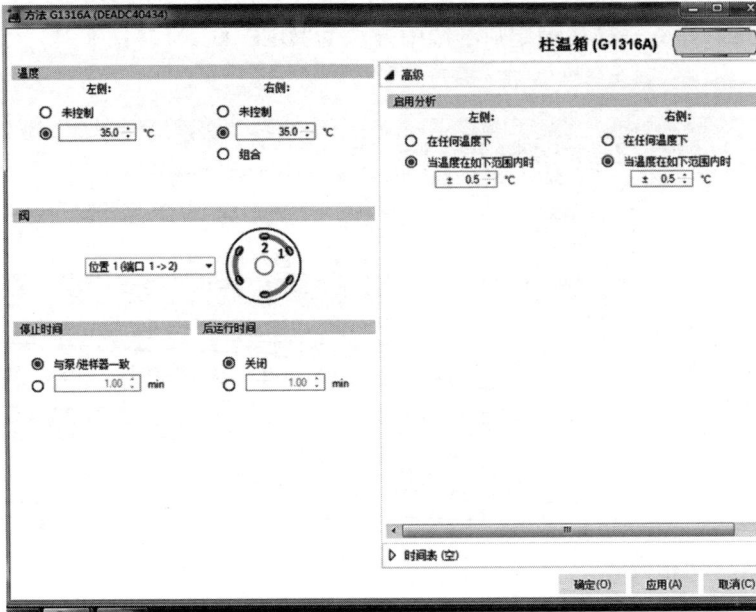

图 8-6　柱温箱方法设置

（3）VWD 检测器设置。

右击 VWD 检测器控制区，点击"方法"，进入"方法"调试界面，选择波长为 327 nm （图 8-7），点击"确定"。

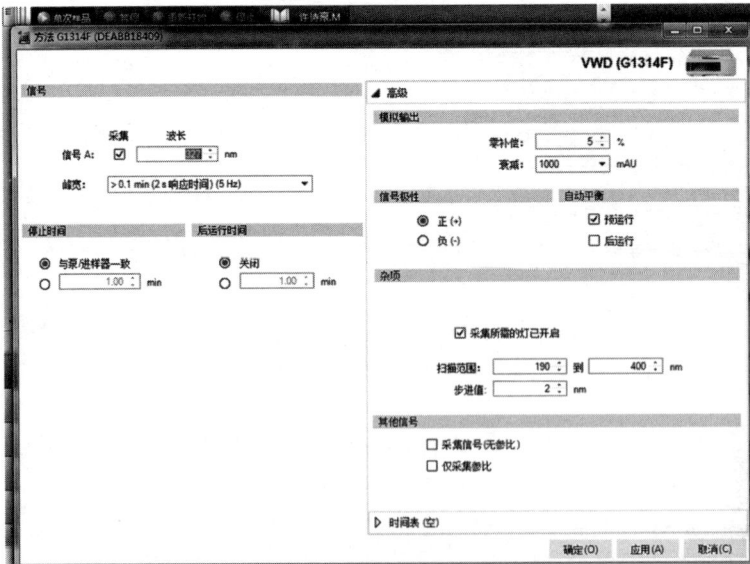

图 8-7　VWD 检测器方法设置

（4）保存方法。

都设置完之后，点击菜单栏"仪器"下方的""图标（图8-8），进入保存方法界面，名称改为"绿原酸测样前冲洗"，保存到D：\methods文件夹中（图8-9），点击"确定"。

图8-8　保存方法按钮

图8-9　保存方法路径及名称设置

点击菜单栏上的"运行控制"，再点击"运行方法"启动方法。然后点击菜单栏上的"视图"，再点击"在线视图"，选择"信号窗口1"可即时观察在线峰图。等待峰图跑平。

6）跑样方法设置

（1）进样器设置。

右击进样器控制区，点击"方法"，进入进样器方法调试界面，进样体积设为20 μL，选中启用洗针，位置填"91"（进样区最后一排第一个位置）（图8-10、图8-11）。注意进样区91号位置要放置一瓶色谱纯甲醇用于洗针。点击"确定"。

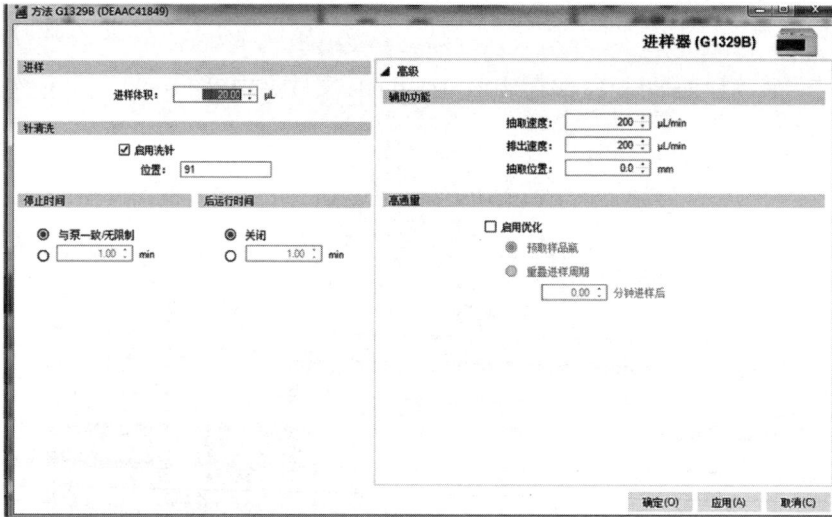

图 8-10　进样器设置

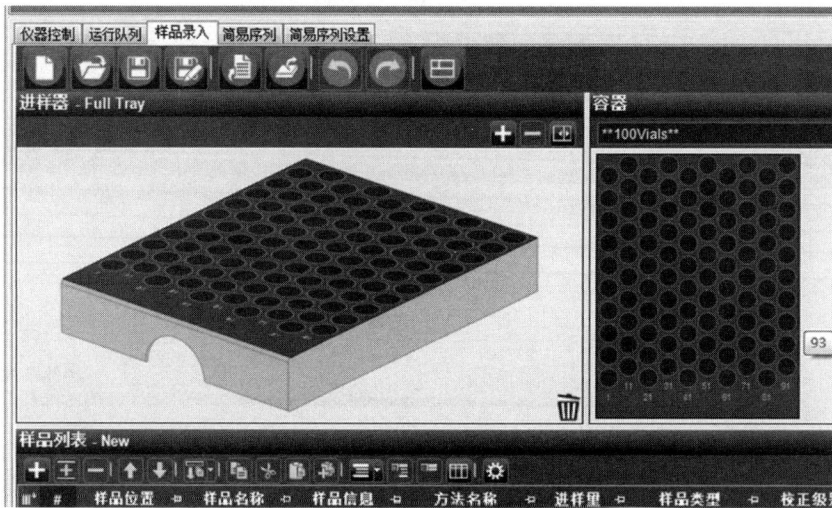

图 8-11　样品位置

（2）跑样方法流动相设置。

右击四元泵控制区，点击"方法"，进入方法调试界面，流量设为 1 mL/min。梯度洗脱：[0，10.00]min，90%D、10%C；[10.01，15.00]min，60%D、40%B。左边"停止时间"界面选中下面，设置为 18 min（图 8-12）。点击"确定"。柱温箱、VWD 检测器设置方法同（1）（2）。方法同样保存至 D：\methods 文件夹中，命名为"绿原酸"。

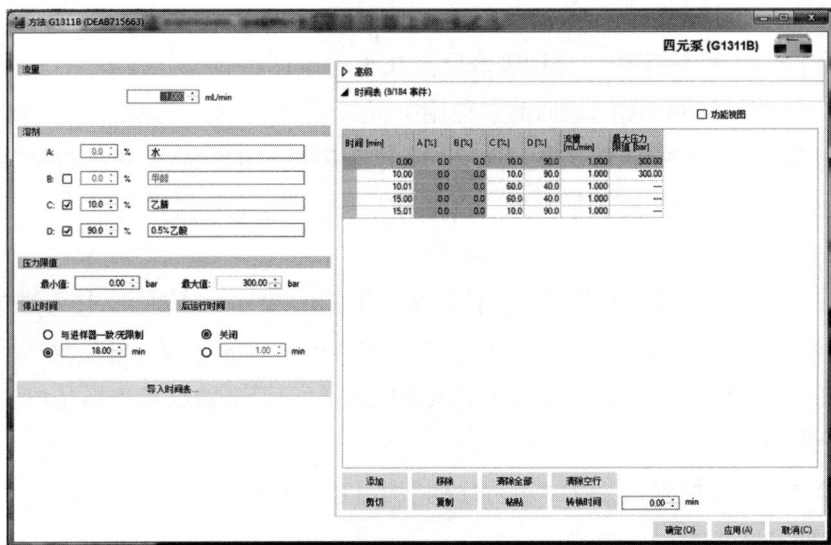

图 8-12　跑样方法流动相设置

7）进样序列表设置

点击菜单栏"序列"，再点击"序列表"，进入序列表设置界面。样品容量选择"100Vials"，样品位置输入"2"，样品名称输入"绿原酸"，方法名称选择"D：\methods\..."进样量输入"20"，进样次数输入"1"，样品类型选择"样品"，如图 1-13 所示。

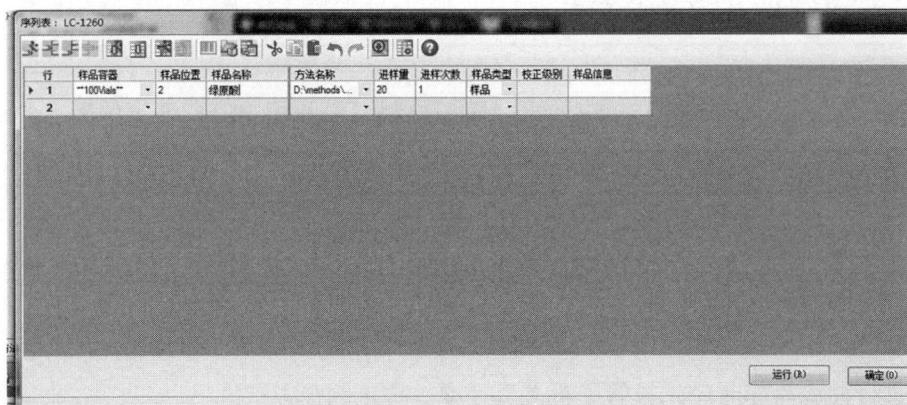

图 8-13　序列表设置

8）序列表保存

点击菜单栏"帮助"下方的"　　"按钮可保存序列表（最终数据位置）。

9)绿原酸标准曲线绘制

精确称取 20 mg 绿原酸的标准品，在超声条件下溶解于 95%甲醇，定容至 50 mL，制成浓度为 400 μg/mL 的绿原酸。分别吸取原液 0.5 mL、1.5 mL、2.5 mL、3.5 mL、5 mL 定容至 10 mL，配制成不同浓度的绿原酸。使用 1 mL 注射器吸取标准样品，去掉针头，套上 0.22 μm 过滤器，打入进样瓶中，盖上盖子。按序列表填写的样品位置把进样瓶放入进样区对应的区域，以绿原酸浓度为横坐标，峰面积为纵坐标绘制标准曲线。

10)样品进样处理

使用 1 mL 注射器吸取待测样品，去掉针头，套上 0.22 μm 过滤器，打入进样瓶中，盖上盖子。按序列表填写的样品位置把进样瓶放入进样区对应的区域，用待测样品出峰时间的峰对应标准曲线出峰时间的峰，根据对应峰的峰面积和标准曲线求出样品浓度。

11)运行序列表

点击菜单栏"运行控制"，选择"运行序列"即可运行序列表。

12)关机前冲洗

方法选中"关机前冲洗"，点击菜单栏"运行控制"选中"运行方法"，开始运行。

13)关机

待"关机前冲洗"运行 80 min 后，点击"停止"，停止运行。点击"关闭"，待四元泵、柱温箱、VWD 检测器处于未就绪的黄色标识时关闭软件，选中"是"。机子从下往上关机顺序依次是"VWD 检测器""柱温箱""进样器""四元泵"。

5　实验数据记录和处理

(1)根据标准绿原酸浓度与对应的出峰面积绘制绿原酸用 HPLC 测定的标准曲线。

(2)通过出峰面积，求算实验材料中绿原酸的含量。

6　实验注意事项

(1)进行抽滤操作时应先拔管子再关真空泵，防止倒吸。

(2)发现柱子漏液时应尽快点击四元泵控制区"关闭"按钮，停止四元泵运行。

(3)流动相在进柱子前必须经过抽滤、超声、排气泡等操作，防止柱子受损。

(4)测试结束及时冲洗柱子。

实验九
乳酸菌分离及固体生料发酵工艺

1 实验目的

(1)掌握乳酸菌分离的基本原理和操作技术。

(2)了解乳酸菌菌落特征及细胞形态。

(3)掌握固体生料发酵的基本流程和方法。

2 实验原理

乳酸菌指发酵糖类主要产物为乳酸的一类无芽孢、革兰氏染色阳性细菌的总称，生长于厌氧或者兼性厌氧环境中。乳酸菌只是一种习惯叫法，并不是微生物分类学上的名称。这是一群相当庞杂的细菌，分类有数百个属，很难把是否产生乳酸作为细菌的分类标准。乳酸菌细胞形态有球状、类球状、杆状或短杆状等。目前研究表明，乳酸菌除个别属对人、畜致病，绝大多数对人畜无害，而革兰氏阳性乳酸菌占据了绝大多数，如目前大量应用的乳杆菌属、片球菌属、明串珠菌属、乳球菌属、双歧杆菌属、肠球菌属等都为革兰氏阳性菌。大量的研究表明，这类乳酸菌在动物体肠道内可以降低 pH，降解氨、吲哚、粪臭素等有害物质，增强机体的免疫功能，产生抑菌代谢产物，如乳酸菌肽、细菌素、乳酸、过氧化氢、乙酸等，从而阻止和抑制致病菌的侵入和定植，维持肠道中正常的微生态平衡，提高机体的抗病能力，对许多革兰氏阳性菌(G^+)及革兰氏阴性菌(G^-)有强烈的抑制作用，可抑制肠道内腐败菌的生长繁殖和腐败产物的产生。作为有益微生物的乳酸菌包括植物乳杆菌、干酪乳杆菌、嗜酸乳杆菌、乳酸片球菌、屎肠球菌、粪肠球菌、乳酸乳杆菌、双歧杆菌、戊糖片球菌等。

乳酸菌分解和合成能力较差，营养要求较高，需提供丰富的肽类、氨基酸和维生素。它们缺乏呼吸链成分、超氧化物歧化酶和过氧化氢酶，在琼脂培养基表面或内层只形成较小的乳白色或淡色菌落。

本实验采用平板涂布法进行乳酸菌的分离。将样品稀释之后，其中的微生物充分分散成单个细胞，取一定量的稀释液接种到平板上，经过培养，由单个细胞生长繁殖而形成肉眼可见的菌落，即一个单菌落代表原样品中的一个单细胞，经平板划线反复纯化后，得到分离菌种的纯种。

生料发酵就是微生物利用生淀粉直接进行生长、繁殖及代谢的过程。在这个过程中，微生物首先利用自身产生的生淀粉酶将生淀粉转化成葡萄糖，提供其生长、繁殖所需的能量，再在其他酶的作用下，进一步将葡萄糖转化成其他产物，如酒精、醋、单细胞蛋白、甘油、有机酸、氨基酸、酶等。

3 实验材料、试剂和设备

3.1 实验材料

（1）分离样品：市售酸奶或动物肠道内容物或泡菜水。

（2）培养基：

①分离培养基：葡萄糖2%，蛋白胨1%，牛肉膏1%，酵母提取物0.5%，柠檬酸二铵0.2%，乙酸钠0.5%，K_2HPO_4 0.2%，$MnSO_4 \cdot 4H_2O$ 0.25%，$MgSO_4 \cdot 7H_2O$ 0.58%，$CaCO_3$ 1%，吐温80 1 mL/L，琼脂粉2%。

②固体生料发酵培养基：麦麸50%，玉米粉25%，大米粉20%，豆饼粉5%，无水乙酸钠1%，K_2HPO_4 0.3%，$MgSO_4 \cdot 7H_2O$ 0.1%，苯甲酸钠0.5%，双乙酸钠0.3%，固水比为1:0.8。

3.2 实验仪器

高温高压蒸汽灭菌锅、电热恒温培养箱、超净工作台、干热灭菌箱、双目显微镜、酸度计、酒精灯、培养皿、三角瓶、移液管等。

4　实验方法与步骤

4.1　乳酸菌分离与纯化

(1)培养基配制及灭菌：按配方准确称取分离培养基各药品置于烧杯或搪瓷杯中，加入所需体积的蒸馏水；搅拌使各药品充分溶解后，加入所需琼脂粉，边加热边搅拌，使各药品和琼脂粉完全溶解；分装入三角瓶中，再将其放入高压蒸汽灭菌锅中115℃灭菌30 min。

(2)乳酸菌培养基固体平板制备：将冷却至50℃左右的培养基无菌条件下倒入灭菌的培养皿内，冷却成平板。

(3)分离样品悬浮液制备：准确称取10.00 g分离样品置于90 mL带有适量玻璃珠的无菌水中，振荡10~15 min。

(4)稀释：按照10倍稀释法将样品悬浮液依次稀释至10^{-7}。

(5)接种与涂布：用移液枪分别吸取10^{-4}、10^{-5}、10^{-6}、10^{-7}四个不同稀释度的稀释液0.1 mL置于分离培养基平板的中央，涂布均匀。

(6)培养与纯化：将涂布好的平板置于37℃培养箱中培养至长出单菌落。挑取乳白色、灰白色或暗黄色且菌落周围有溶解圈的菌落置于分离培养基平板上反复划线纯化，直至镜检细胞显微形态一致为止。分离菌种用30%甘油保存。

4.2　乳酸菌生料发酵

(1)乳酸菌液体种子制备：将分离纯化的乳酸菌接种于MRS液体培养基中，37℃恒温静置培养24~48 h。

(2)按培养基配方准确称量好各原材料置于烧杯或塑料盆中，混合均匀，调节物料含水量达到50%~55%，并按5%(v/w)的接种量接入培养好的乳酸菌液体种子，充分搅拌均匀后装入发酵袋中，密封。置于37℃恒温培养箱中培养36~48 h，此时，物料的pH应该在3.8~4.2，具有浓郁酸香味，乳酸菌活菌数≥10^9CFU/g。

5 实验数据记录与处理

(1)平板涂布,挑取单菌落,划线,显微形态观察、拍照。

(2)发酵生料的理化指标及乳酸活菌数的检测。

6 实验注意事项

(1)乳酸菌固体生料发酵时,要注意严格密封,防止霉菌污染。

(2)分离乳酸菌时,分离样品应尽量新鲜。

(3)发酵过程中,注意及时排除发酵袋中的 CO_2 气体,防止发酵袋胀破或爆炸。

实验十

好氧反硝化细菌的分离及净水性能检测分析

1　实验目的

(1)学习和掌握好氧反硝化细菌分离的基本原理和方法。

(2)了解好氧反硝化细菌的培养和脱氮基本流程。

(3)掌握亚硝酸还原酶和硝酸盐还原酶活性的测定原理及方法。

2　实验原理

20 世纪 80 年代，Robertson 等人报道了好氧反硝化细菌和好氧反硝化酶系的存在，并证实了脱氮副球菌(paracoccus denitrificans)在生长过程中，O_2 和 NO_3^- 共同存在时，其生长速率比两者单独存在时都高。越来越多的研究证明好氧反硝化细菌的存在，并发现了一些在有氧条件下有较高反硝化率的细菌。

好氧反硝化细菌的反硝化作用过程包括 4 个还原步骤，分别由硝酸盐还原酶、亚硝酸盐还原酶、一氧化氮还原酶、一氧化二氮还原酶催化完成。好氧反硝化细菌的假想呼吸途径中，NO_3^-、O_2 均可作为电子最终受体，即电子可从被还原的有机物基质传递给 O_2，也可传递给 NO_3^-、NO_2^- 和 N_2O，并分别将它们还原。

(1)好氧反硝化细菌的筛选：在筛选固体培养基中加入溴百里酚蓝(bromothymol blue，BTB)，利用反硝化细菌的反硝化作用使培养基 pH 升高，从而产生蓝色晕圈，选取蓝色菌落即可实现菌种的筛选。

(2)亚硝酸还原酶的测定：亚硝酸还原酶可将 NO_2^- 还原为 NO，使样品中参与重氮化反应生成紫红色化合物的 NO_2^- 减少，即 540 nm 处吸光值的变化可反映亚硝酸还原酶的活性。

（3）硝酸还原酶的测定：NO_3^- 还原生成的 NO_2^- 与重氮试剂 FORNH 或 FADH 偶联反应，可生成红色的重氮化合物，该物质在相应波长处具有最大的光吸收值，根据单位时间内光吸收值的变化可计算出硝酸还原酶(NR)的活性强度。

3 实验材料、试剂和仪器

3.1 实验材料

（1）分离样品：淡水养殖池池水及底泥或废水处理系统污泥。

（2）培养基：

①富集培养基：KNO_3 1.00 g，柠檬酸三钠 8.50 g，$MgSO_4 \cdot 7H_2O$ 1.00 g，KH_2PO_4 1.00 g，K_2HPO_4 1.00 g，微量元素溶液 2 mL/L，H_2O 1 000 mL，pH7.0~7.5。

②微量元素溶液：EDTA 0.2 g/L，$CaCl_2$ 0.20 g/L，$FeSO_4 \cdot 2H_2O$ 1.00 g/L，$CoCl_2 \cdot 6H_2O$ 0.35 g/L，$CuSO_4 \cdot 5H_2O$ 0.40 g/L，$MnCl_2 \cdot 7H_2O$ 0.80 g/L，$(NH_4)_6Mo_7O_{24} \cdot 4H_2O$ 0.65 g/L，$ZnSO_4$ 0.40 g/L。

③分离培养基：琥珀酸钠 4.72 g(或柠檬酸钠 5.66 g)，KH_2PO_4 1 g，$MgSO_4 \cdot 7H_2O$ 1 g，$CaCl_2 \cdot 2H_2O$ 0.2 g，$FeSO_4 \cdot 7H_2O$ 0.05 g，$NaNO_2$ 0.0025 g，1% BTB 溶液 5 mL/L，琼脂粉 20 g，H_2O 1 000 mL，pH7.0~7.5。

④反硝化培养基：KNO_3 0.53 g，柠檬酸钠 3.0 g，KH_2PO_4 0.25 g，Na_2HPO_4 0.3 g，$MgSO_4 \cdot 7H_2O$ 1 g，H_2O 1 000 mL，pH7.0。

3.2 实验仪器

高温高压蒸汽灭菌锅、电热恒温培养箱、紫外可见分光光度计、超净工作台、干热灭菌箱、双目显微镜、酸度计、酒精灯、培养皿、三角瓶、容量瓶、移液管等。

4 实验方法与步骤

4.1 反硝化细菌的分离与培养

（1）菌株的富集：取 10 g 养殖池塘污泥加入 100 mL 的富集培养基中(加入适量的玻璃

珠），置于 30℃、170 r/min 摇床中培养 72 h。

（2）菌株初筛：取 10 mL 富集液加入 90 mL 的无菌水中振荡 15 min 后，采用 10 倍稀释法稀释成 $10^{-1} \sim 10^{-8}$。分别取 0.1 mL 不同稀释度的菌悬液涂布于硝化和反硝化固体培养基平板上，倒置于 30℃恒温培养箱中培养，待固体平板上长出单菌落后，挑选带有蓝色晕圈的单菌落进行分离纯化。

（3）菌株复筛：将分离纯化的菌种分别接种于种子培养基中，于 30℃、170 r/min 条件下培养 24 h 后，以 1%的接种量接种于反硝化培养基中，30℃、170 r/min 恒温振荡培养 48 h。将发酵液以 10000 r/min 离心 10 min，取上清液测定硝酸盐氮、亚硝酸盐氮、氨氮和总氮的含量。以空白培养基作对照，通过下式计算反硝化能力。

$$总氮去除率(\%) = (总氮初始含量 - 总氮剩余量) / 总氮初始含量 \times 100\%$$

4.2　反硝化细菌的净水性能检测

（1）培养液预处理：将培养好的培养液于 4℃、10000 r/min 条件下离心 15 min，取离心液分别测定氨氮、亚硝酸盐氮、硝酸盐氮和总氮含量。

（2）氨氮、亚硝酸盐氮、硝酸盐氮、总氮的测定参照《水和废水监测分析方法》[1] 提供的方法进行测定。氨氮(NH_4^+-N)测定采用纳氏试剂比色法，硝酸盐氮(NO_3^--N)测定采用紫外可见分光光度法，总氮(TN)采用碱性过硫酸钾消解紫外可见分光光度法。

（3）氨氮含量测定：准确吸取适量体积的离心液置于 50 mL 比色管中（氨氮含量低于 0.1 mg），并用无氨水定容至 50 mL，分别加入 1 mL 50%的酒石酸钾钠溶液、1.5 mL 纳氏试剂（购买），混匀，显色 10 min，于 420 nm 波长下测定 OD 值。

（4）硝酸盐氮含量测定：准确吸取 50 mL 离心液置于 50 mL 比色管中，加入 1.0 mL 1 mol/L 的盐酸溶液，用 10 mm 石英比色皿于 220 nm、275 nm 波长处，以新鲜去离子水 50 mL 加 1 mL 1 mol/L 的盐酸溶液作为参比溶液，测定吸光度。

（5）亚硝酸盐氮含量测定：准确吸取 50 mL 用酸或碱调至近中性的离心液置于 50 mL 比色管中，加入 1 mL 显色剂[先后量取 250 mL 水和 50 m 磷酸混合，加入 20.0 g 对氨基苯磺酰胺，再加入 1.00 g N-(1-萘基)-乙二胺二盐酸盐溶于上述溶液中，定容至 500 mL。贮存于棕色瓶，保存于 2~5℃。有毒，避免与皮肤接触]，立刻混匀。于 540 nm 波长，用 1 cm 比色皿，以纯水作参比溶液，在 10 min 至 2 h 内，测定吸光度。

（6）总氮含量测定：准确吸取 10 mL 离心液置于 25 mL 比色管中，加入 5 mL 碱性过硫酸钾溶液，塞紧磨口塞，用纱布和纱绳裹紧管塞，以防溅出。将比色管置于压力锅中，升温至 120~124℃（或顶压阀放气时）开始计时，维持 0.5 h 后，自然冷却，开阀放气，移去外盖，取出比色管冷至室温。加入盐酸 1 mL（盐酸：水 = 1:9），用无氨水稀释至 25 mL 标线。在紫外可见分光光度计上，以无氨水作参比溶液，用 10 mm 比色皿分别在 220 nm 和

275 nm 波长处测定吸光度，然后用校正的吸光度（$A=A_{220}-2A_{275}$）在标准曲线上查出相应的总氮量 m。用下列公式计算总氮含量。

$$总氮(mg/L)= m/V$$

式中：m—从标准曲线上查出相应的总氮量（μg）；V—所取水样的体积。

4.3　亚硝酸还原酶、硝酸还原酶活性的检测

（1）粗酶液的制备

亚硝酸还原酶（NiR）是一类能催化亚硝酸盐还原的酶，广泛存在于微生物及植物体内，是自然界氮循环过程中的关键酶，可以将亚硝酸盐降解为 NO 或 N_2，从而减少环境中亚硝酸盐氮的积累，降低因亚硝酸盐累积而造成的对生物体的毒害作用。亚硝酸还原酶大多数是胞内酶，其在细胞内可以有效地降解亚硝酸盐。亚硝酸还原酶是一种氧化还原酶，催化反应过程需要电子供体和传递体的参与，且反应需要在无氧条件下进行。

硝酸盐还原酶（NAR）位于细胞质内或细胞膜外，在硝酸盐还原途径中是限速因子，通过 NADH 和 NADPH 其中之一或两者（双功能）提供的两个电子催化反应，使硝酸盐转换成亚硝酸盐。

将培养好的反硝化细菌培养液于 4℃、10000 r/min 条件下离心 10~15 min，收集菌体，用 0.1 mol/L 磷酸缓冲液（pH6.5）洗涤菌体 3 次后，用 10 mL PBS 缓冲液将菌体重悬。将得到的细胞再次用 10 mL PBS 缓冲液悬浮后，在 4℃ 条件下，静置 16 h，然后用超声波破壁。破壁条件为 200 W，超声 5 s，间歇 10 s，90~100 次。破壁后，将破壁后的菌体于 4℃、10000 r/min 条件下离心 10~15 min，取上清液即得粗酶液。

（2）硝酸还原酶活性测定：准确吸取粗酶液 0.8 mL 置于 10 mL 试管中，加入 1.2 mL 0.1 mol/L pH7.4 的 KNO_3 缓冲溶液和 0.4 mL 0.2 mmol/L 的 NADH 溶液，加入终浓度为 2 mmol/L 的 EDTA，混匀后在 25℃ 水浴中保温 30 min，对照组不加 NADH 溶液，以 10 mmol/L pH7.4 的磷酸盐缓冲溶液代替。保温结束后立即加入 1 mL 1%（w/v）磺胺溶液终止酶促反应，再加 1 mL 0.2%（w/v）α-萘胺溶液，显色 15 min 后于 4000 r/min 下离心 5 min，取上清液在 540 nm 下比色测定吸光度。根据标准曲线得出的回归方程计算出反应液中产生的亚硝酸盐氮含量，从而获得单位体积中的硝酸还原酶活性。酶活力单位定义：每小时降解 1μg 亚硝酸盐所需的酶量为一个酶活力单位（U），即 1 U=1 μg/h。

（3）亚硝酸还原酶活性测定：准确吸取 0.2 mol/L 磷酸盐缓冲液（pH6.5）100 μL，1 mol/L NaCl 12 μL，0.1 mol/L $NaNO_2$ 10 μL，0.01 mol/L MV（甲基紫精）6 μL，0.15 mol/L $Na_2S_2O_4$ 32 μL，酶液 40 μL 于 2 mL PVC 离心管中，30℃ 水浴中反应 30 s，剧烈振荡终止反应。加入 20 μL 4 g/L 的对氨基苯磺酸，静置 1 min 后加 10 μL 2 g/L 的盐酸萘乙二胺，静置 3 min，在 538 nm 条件下比色测定亚硝酸盐的变化。对照组用 40 μL

磷酸盐缓冲液取代酶液。酶活力单位定义：每分钟还原 1 μmol 亚硝酸盐所需要的酶量定义为一个酶活力单位，即 1 U = 1 μmol/（mL·min）。

5　实验数据记录与处理

（1）记录原始数据，并根据硝酸还原酶和亚硝酸还原酶定义计算对应的酶活性。
（2）画出菌株在污水处理中反硝化作用路线图，通过酶活性检测，指出其限制性代谢步骤。

6　实验注意事项

（1）总氮测定消解时，比色管必须保证密封，以防止消解过程中氨气逸出。
（2）过硫酸钾需要用超纯水经过 2~3 次的重结晶，以去除残留的杂质。

参考文献

[1] 国家环境保护总局，水和废水监测分析方法编委会.水和废水监测分析方法[M].第 4 版.北京：中国环境科学出版社，2002：254-285.

实验十一
枯草芽孢杆菌中试发酵制备微生态制剂

1 实验目的

(1)掌握中试发酵罐的基本操作,包括培养基的配制、灭菌、接种和参数测定等。

(2)掌握发酵过程中的参数测定和在线控制,包括 pH、温度、搅拌转速等。

(3)运用所学的发酵工程基本理论知识,分析发酵过程中的实验数据,讨论某一特定菌株的发酵规律。

(4)掌握液体发酵中试生产微生态制剂的基本制备工艺,为今后从事发酵领域生产相关产品打下坚实基础。

2 实验原理

微生态制剂历经数十年发展,作为促生长饲料添加剂替代抗生素具有很大的潜力。可有效防治动物疾病,促进动物生长发育,并且无毒副作用,无残留污染,不产生抗药性,在养殖业中具有很好的应用前景。但在微生态制剂的实际应用中,常存在有效活菌数低、产品稳定性差、保质期短等问题,限制了其工业化生产和大规模应用。由于枯草芽孢杆菌在其生活史中可形成抗逆性极强的芽孢,在稳定性方面具有先天优势,且枯草芽孢杆菌是经我国农业部和美国食品药品监督管理局(FDA)批准作为饲料添加剂的菌种,同时枯草芽孢杆菌分布极为广泛。因此,由枯草芽孢杆菌制备而成的微生态制剂是一种理想的抗生素替代物。

枯草芽孢杆菌属于需氧菌,进入肠道后可以消耗肠道内氧气,造成低氧环境,有利于厌氧菌的生长,从而调节肠道微生态平衡。并且,枯草芽孢杆菌代谢产物中含有蛋白酶、淀粉酶等酶类，有助于提高饲料转化率，便于动物吸收利用。枯草芽孢杆菌还可以刺激动物的免疫器官，增强机体免疫能力。更重要的是，它可以繁殖产生芽孢。芽孢具有非常强的抗逆性，可以在进入畜禽消化道后在肠道上部萌发，并分泌高活性的蛋白酶、淀粉酶和脂肪酶，有助于降解植物性饲料中复杂的碳水化合物，产生拮抗致病菌的多肽类物质。因此，枯草芽孢杆菌微生态制剂具有广阔的发展空间，且提高芽孢率是改善其产品品质的重要途径。本实验通过对枯草芽孢杆菌进行逐级发酵培养、浓缩、吸附、干燥等工艺，旨在获得芽孢数高、稳定性好的枯草芽孢杆菌微生态制剂的生产工艺，为今后工业化生产枯草芽孢杆菌制剂的工艺流程奠定基础，同时为枯草芽孢杆菌微生态制剂替代抗生素提供依据。

3　实验材料、试剂与仪器

3.1　实验材料

（1）枯草芽孢杆菌。

（2）种子培养基：酵母膏 1.0%，玉米淀粉 2.0%，氯化钠 0.5%，自然 pH，121℃灭菌 25 min。

（3）发酵培养基：酵母膏 1.0%，玉米淀粉 2.0%，氯化钠 0.5%，GP330 消泡剂 0.02%，调节 pH 7.0~7.2，121℃灭菌 25 min。

3.2　实验试剂

玉米淀粉、葡萄糖、酵母膏、琼脂粉、氢氧化钠。

3.3　实验设备

10-100-1000 L 三级发酵系统操作平台、搅拌混合机、沸腾干燥塔、高速粉碎机、陶瓷膜微滤系统、无菌空气制备系统、0.5 t 燃气锅炉、立式全温振荡培养箱、恒温培养箱、紫外可见分光光度计、超净工作台。

4 实验方法与步骤

4.1 摇瓶种子的制备

枯草芽孢杆菌从保藏的斜面上转接到液体培养基中(总体积 600 mL)进行活化,在 37℃、200 r/min 下,采用液体振荡培养过夜至对数期(细胞数量达到 $2.0×10^8 \sim 10.0× 10^8$ CFU/mL 以上)。

4.2 蒸汽制备

启动蒸发量 0.5 t 的燃气锅炉,供气压力为 0.7 MPa(须由专业人员操作),在发酵罐前限压至 0.4 MPa。

4.3 空消

将 10-100-1000 L 三级发酵系统、移种管道、补料管道、消泡管道于 121℃进行空消 20 min(工业生产上管道空消 1 h),关闭相关管道隔膜阀。

4.4 培养基配制及灭菌

(1)10 L 一级种子罐培养基:酵母膏 1.0%(70 g),玉米淀粉 2.0%(140 g),氯化钠 0.5%(35 g),自然 pH,总体积 7 L。

(2)100 L 二级种子罐培养基:酵母膏 1.0%(700 g),玉米淀粉 2.0%(1400 g),氯化钠 0.5%(350 g),自然 pH,总体积 70 L。

(3)1000 L 发酵罐的发酵培养基:酵母膏 1.0%(7 kg),玉米淀粉 2.0%(14 kg),氯化钠 0.5%(3.5 kg),GP330 消泡剂 0.02%(140 g),用 NaOH 调节 pH 至 7.0~7.2,总体积 700 L。

上述所有培养基均用热水配制,于 121℃灭菌 25 min。

4.5 培养基冷却

启动发酵控制系统，在发酵罐的夹套中通入自来水，使发酵罐中的培养基冷却至 $40\sim50\text{℃}$，同时通入无菌空气，保持正压，以防止负压扁罐，压力维持在 $0.03\sim0.05$ MPa。

4.6 种子制备与中试发酵

1）一级种子制备

将 600 mL 培养至对数期的种子液采用火圈法接种至 10 L 一级种子发酵罐，在发酵控制系统上设置发酵温度 37℃，转速 200 r/min，通气量 1∶0.8 vvm，维持罐压 $0.03\sim0.05$ MPa。启动发酵操作，注意控制相应的阀门，测定并记录发酵启动时的发酵液在 600 nm 波长下的吸光度。

2）二级种子制备

当 10 L 一级种子罐中种子液的 A_{600} 值达到 $6.0\sim8.0$ 时，即进入了对数期。采用无菌空气压差法，将 10 L 一级种子罐中的种子液经移种管道压至 100 L 二级种子罐中。在发酵控制系统上设置发酵温度 37℃，转速 100 r/min，通气量 1∶0.8 vvm，维持罐压 $0.03\sim0.05$ MPa，启动发酵操作，注意控制相应的阀门，测定并记录发酵启动时的发酵液在 600 nm 波长下的吸光度。

3）1000 L 中试发酵

当 100 L 二级种子罐中种子液的 A_{600} 值达到 $6.0\sim8.0$ 时，即进入了对数期。采用无菌空气压差法，将 100 L 二级种子罐中的种子液经移种管道压至 1000 L 发酵罐中。在发酵控制系统上设置发酵温度 37℃，转速 100 r/min，通气量 1∶0.8 vvm，维持罐压 $0.03\sim0.05$ MPa，启动发酵操作，注意控制相应的阀门。

4.7 中试发酵过程参数的检测

1）芽孢形态观察

中试发酵培养 12 h 后，开始从放料阀处取发酵液 200 mL，用光学显微镜的油镜观察经结晶紫染色的细胞形态，目测芽孢的形成状况。此后每隔 6 h 观察一次，若发现芽孢开始形成后，升高发酵温度至 39℃，促使芽孢形成。

2）残糖含量的测定（DNS 法）

（1）葡萄糖标准曲线的制作：配制 5 mmol/L 的葡萄糖标准溶液，按表 11-1 所示操作。

表 11-1　葡萄糖标准曲线绘制的实验数据

刻度试管号	0	1	2	3	4	5
葡萄糖标准溶液/mL	0	0.2	0.4	0.6	0.8	1.0
蒸馏水/mL	1.0	0.8	0.6	0.4	0.2	0
DNS 溶液/mL	2.0	2.0	2.0	2.0	2.0	2.0
沸水浴 5 min，冷却后定容至 20 mL						
A_{540}						

根据实验数据求得线性回归方程，要求 $R^2 \geqslant 0.99$。

（2）发酵液中残糖含量的测定：取 20 mL 刻度试管 3 支（编号 1~3，其中 1 号管为空白对照管），按表 11-2 所示操作。用 721 型紫外可见分光光度计在 540 nm 处比色，测得 A_{540} 值（取平均值）。

表 11-2　样品中残糖含量的测定

试剂名称	1(CK)	2	3
	加入试剂的体积/mL		
蒸馏水	1.0	—	—
稀释后的发酵液	—	1.0	1.0
DNS 溶液	2.0	2.0	2.0
沸水浴 5 min，迅速冷却后定容至 20 mL，测定 A_{540} 的数值			

根据葡萄糖标准曲线方程计算并记录残糖量：

$$残糖量 = y \times 稀释倍数/样品液体积（mmol）$$

y 为葡萄糖标准曲线方程中葡萄糖含量（mmol/L）。

3）活菌计数和芽孢计数

待发酵结束时，取发酵液 200 mL 分为两份，其中一份直接按十倍稀释法稀释涂布后，于 37℃培养过夜，计算活菌数；另一份置于 80℃水浴中保温 10 min，利用高温杀死未形成芽孢的营养体，保留休眠体即芽孢，再按十倍稀释法稀释涂布后，于 37℃培养过夜，计算活菌数。每个稀释度重复 3 次，取平均值，数据计入表 11-3。

计数培养基：酵母膏 0.5%，葡萄糖 2.0%，氯化钠 0.5%，琼脂 2.0%，自然 pH，共 500 mL，121℃灭菌 25 min。倒平板（为 30~40 个），按表 11-3 计数。

表 11-3　活菌计数和芽孢计数记录表

	10^{-4}	10^{-5}	10^{-6}	10^{-7}	10^{-8}	平均值
发酵液活菌数						
发酵液芽孢数						

4.8　放罐及发酵液的浓缩

待枯草芽孢杆菌发酵终止后，立即进行放罐，同时进行微滤浓缩。将发酵液直接压入陶瓷膜微滤设备的贮液缸，开启相应阀门，使发酵液依次流经增压泵、一级陶瓷膜分离组件、二级陶瓷膜分离组件，截留液返回贮液缸，弃去过滤液，控制工作压力为 0.25~0.35 MPa(2.5~3.5 bar)，观察滤液是否清亮，并判断过滤效率。最后将发酵液浓缩至50~70 L，等待进行下一步的吸附处理。

4.9　芽孢浓缩液的吸附

将 50~70 L 芽孢浓缩液按质量比 1∶1 与麸皮或沸石粉于搅拌机中混合，制成芽孢菌渣或菌浆。

4.10　芽孢菌渣的干燥

将芽孢菌渣或菌浆投入沸腾干燥塔中，每批次为 15~25 kg。设置进风温度 85℃，出风温度 40℃。其间取样凭手感判断干燥程度。当水质为 6%~8% 时，终止干燥，再进行下一批操作，直至所有菌渣或菌浆均制成菌粉。

4.11　芽孢菌渣的粉碎

将芽孢杆菌菌粉投入高速粉碎机(13 kW)，用布袋过滤，制成小于 40 目的枯草芽孢杆菌固体微生态菌剂，按十倍稀释法计算菌粉的活菌数，将实验数据填入表 11-4。

表 11-4　固体微生态菌剂中的芽孢计数和得率

	10^{-4}	10^{-5}	10^{-6}	10^{-7}	10^{-8}	平均值（CFU/g）	得率
固体微生态菌剂芽孢数（CFU/mL）							

4.12　芽孢菌渣的包装

芽孢菌渣用封口机进行包装装袋，然后贴上标签，获得最终的枯草芽孢杆菌微生态制剂成品。

5　实验数据记录与处理

（1）制作葡萄糖标准曲线。

（2）按照表 11-4 对发酵过程中获得的各个数据进行分析讨论，同时汇总并计算枯草芽孢杆菌的发酵水平和各级操作的最终得率。

6　实验注意事项

（1）通气为枯草芽孢杆菌产芽孢必备条件，发酵过程中，要切忌断氧。

（2）经结晶紫染色观察枯草芽孢杆菌芽孢时，因芽孢不能染色，在显微镜中呈现透明颗粒（"蚂蚁蛋"）状，勿将紫色菌体当芽孢计算。

实验十二

丁酸梭菌生物发酵法制备高纯氢气及气相色谱检测

1　实验目的

(1)掌握严格厌氧发酵技术操作方法。

(2)掌握气体收集方法和气相色谱测定方法。

2　实验原理

丁酸型发酵是一种经典的发酵产氢方式,主要以可溶性糖类(如葡萄糖、乳糖、蔗糖和木糖等)和淀粉为发酵底物,发酵产物为乙酸、丁酸、H_2、CO_2,以及少量丙酸。与传统的乙醇型发酵不同,乙醇型发酵途径产生乙醇和乙酸的同时有氢气产生,末端产物为乙醇、乙酸、H_2、CO_2,以及少量丁酸。

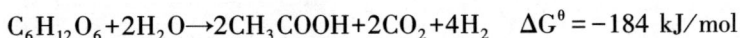

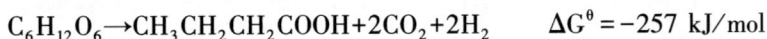

$$C_6H_{12}O_6+2H_2O \rightarrow 2CH_3COOH+2CO_2+4H_2 \quad \Delta G^{\theta}=-184 \text{ kJ/mol}$$

$$C_6H_{12}O_6 \rightarrow CH_3CH_2CH_2COOH+2CO_2+2H_2 \quad \Delta G^{\theta}=-257 \text{ kJ/mol}$$

由上述反应方程式可见,丁酸型发酵每消耗 1 mol 葡萄糖可产生 2 mol 氢气,而乙酸途径每消耗 1 mol 葡萄糖可产生 4 mol 氢气。

3 实验材料、试剂和仪器

3.1 实验材料

（1）菌株材料：丁酸梭菌 Lys-118（*Clostridium butyricum*），实验室保藏。

（2）基础培养基：葡萄糖 10 g/L、酵母膏 5 g/L、NaCl 5 g/L、蒸馏水 1000 mL，115℃灭菌 30 min。

（3）发酵产氢培养基：葡萄糖 10 g/L、酵母膏 5 g/L、NaCl 5 g/L、碳酸钙 5 g/L、蒸馏水 1 L，115℃灭菌 30 min。

（4）气体采样袋：1000~5000 mL。

（5）蓝盖瓶：250~500 mL，配置硅胶密封塞、硅胶导气管。

3.2 实验仪器

高压蒸汽灭菌锅（GI54DWS）、752 型紫外可见分光光度计、气相色谱仪（SCION、456-GC）、超净工作台（SW-CJ-2F）、10-100-1000 L 发酵平台、燃气锅炉（蒸发量 500 kg/h）、振荡培养箱（ZQLY-180S）。

4 实验方法与步骤

4.1 菌种活化

将菌种从-80℃的超低温冰箱中取出，待菌液融化后，无菌操作接种于装有 200 mL 基本培养基中，适度密封 250 mL 蓝盖瓶，确保气体能外溢，于 37℃恒温培养箱中培养，培养 24 h。

4.2 菌种发酵

取经过活化培养后的菌液，按接种量 1%的比例接种于装有 200 mL 发酵培养基的蓝盖瓶中,用硅胶管将硅胶塞与气体采样袋连接,在 37℃ 的恒温培养箱中静置培养,24 h 后测定菌液生物量和产气量。实验重复三次,取平均值。

4.3　菌种生物量测定

将发酵所得的发酵液用十倍稀释法稀释,用蒸馏水作空白消零,在紫外可见分光光度计下,采用波长 600 nm 测定菌液的 OD_{600},实验重复三次,取平均值。

4.4　发酵罐法制氢

发酵罐小试发酵按照发酵罐容积 90% 的比例配置优化培养基,接种装液量体积的 1.0% 已活化好的丁酸梭菌,设置面板温度 37℃ 进行厌氧发酵。在 10 L 罐高压发酵时,当压力升至 0.2 MPa 时释放氢气,连续三次。再使用 10 L 罐发酵,采用排水法常压收集氢气至 100 L 收集罐中,发酵结束后,收集罐再输入高压自来水至压力为 0.8 MPa,获得高压氢气。

4.5　氢气纯化

将实验制得气体,依次通过体积为 1000 mL、浓度为 2 mol/L 的氢氧化钠溶液,饱和亚硫酸钠溶液,体积为 1000 mL、浓度为 2 mol/L 的硫酸溶液,分别用气袋收集经不同纯化工艺的气体。

4.6　氢气含量及纯度检测

气相色谱检测分析方案参照徐刚[1]的操作。气体成分测定采用气相色谱法,所用仪器为赛默飞气相色谱仪(456 GC)、热导检测器(TCD)。进样口温度为 50℃,柱温为恒温 50℃ 并保持 16 min,检测口温度为 175℃,载气流速为 100 mL/min,尾吹为 20.4 mL/min,进样量为 2.5 mL。将通过不同方式处理的气体进行气相色谱分析。

4.7　产氢率的计算

产氢率,指的是丁酸梭菌在利用单位底物后所能够产出的氢气含量。本实验采用葡萄糖作为丁酸梭菌的发酵底物计算其在不同条件下的产氢率,产氢率单位为 mol(H$_2$)/mol(glucose)。

5 实验数据记录和处理

（1）丁酸梭菌生物量总 $OD_{600} = OD_{600} \times$ 稀释倍数

（2）丁酸梭菌产氢率 $= \dfrac{\text{气体总体积} \times \text{氢气纯度}}{22.4} \times \dfrac{\text{葡萄糖摩尔质量}}{\text{葡萄糖质量}}$

6 实验注意事项

用丁酸梭菌产氢时，由于氢气是易燃易爆气体，补料和接种时忌用火焰法、火圈法接种，尽量使用压差法接种。

参考文献

[1] 徐刚，刘磊，裴宝山，丁昌法.用阀柱反吹气相色谱技术快速分析乙烯中氮气氧气氢气[J].山东化工，2020，49（03）：79-80.

实验十三

细菌淀粉酶的发酵制备及水解产物分析

1　实验目的

掌握严格好氧发酵技术操作方法，发酵罐操作，细菌淀粉酶组分及其水解产物分离。

2　实验原理

α-淀粉酶分布十分广泛，遍及微生物至高等植物。其国际酶学分类编号为 EC. 3. 2. 1. 1，作用于淀粉时从淀粉分子的内部随机切开 α-1, 4 糖苷键，生成糊精和还原糖。由于产物的末端残基碳原子构型为 α 构型，故称 α-淀粉酶。现在 α-淀粉酶泛指能够从淀粉分子内部随机切开 α-1, 4 糖苷键，起液化作用的一类酶。淀粉酶经活性电泳分离，可在电泳活性胶中水解淀粉，活性胶经碘液媒染，显示活性蛋白条带，从而鉴定其组分；淀粉经淀粉酶水解后的产物，经硅胶薄层色谱分离，再经苯胺显色，可鉴别其水解产物的单糖组分。

3　实验材料、试剂和仪器

3.1　实验材料

(1) 菌株材料：解淀粉芽孢杆菌 Lys-1602(*Bacillus amyloliquefaciens*)，实验室保藏。

(2) 摇瓶培养基：可溶性淀粉 20 g/L, 蛋白胨 5 g/L, NaCl 5 g/L, 蒸馏水 1000 mL, pH

自然，115℃灭菌30 min。

（3）发酵培养基：可溶性淀粉20 g/L，蛋白胨5 g/L，NaCl 5 g/L，蒸馏水1000 mL，泡敌（GP330）5 mL，pH自然，115℃灭菌30 min。

3.2　实验试剂

（1）葡萄糖、可溶性淀粉、蛋白胨、琼脂、水合茚三酮、0.4 mol/L三氯乙酸、2%酪蛋白、0.1% Vc、无氨蒸馏水、乙醇、CM Sephadex C-50、氯化钠、丙烯酰胺（ACR）、甲叉双丙烯酰胺（BIS）、四甲基乙二胺（TEMED）、SDS、Tris-盐酸缓冲液、过硫酸铵、β-巯基乙醇、甘油、溴酚蓝、考马斯亮蓝R-250、甲醇、冰醋酸、柠檬酸-Na_2HPO_4缓冲液、$CuSO_4$、$MgSO_4$、$CaCl_2$、$MnCl_2$、$ZnSO_4$、$FeSO_4$。

（2）pH 5.6的柠檬酸缓冲液：0.1 mol/L柠檬酸8.4 mL+0.1 moL/L柠檬酸钠11.6 mL。

（3）DNS试剂配方：取10 g 3,5-二硝基水杨酸，加入2 mol/L NaOH溶液200 mL溶解，再加入酒石酸钾钠300 g，待其完全溶解加去离子水稀释至2000 mL。

3.3　实验仪器

高压蒸汽灭菌锅（GI54DWS）、752型紫外可见分光光度计、气相色谱仪（SCION、456-GC）、超净工作台（SW-CJ-2F）、电泳仪、电泳槽、凝胶成像系统、数码相机、10 L发酵罐、振荡培养箱（ZQLY-180S）、中空纤维超滤膜系统（700型）。

4　实验方法与步骤

4.1　摇瓶菌种制备

将菌种从斜面接种至装有100 mL发酵培养基的250 mL三角瓶中，于37℃恒温培养箱200 r/min振荡培养，培养24 h。

4.2　淀粉酶10 L发酵发酵

将摇瓶菌种按接种量1%的比例，接种于装有8 L发酵培养基的10 L发酵罐中，在37℃的恒温摇床震荡培养，设定转速200 r/min，通气量500 L/h，36~48 h后测定淀粉酶酶活力。

4.3　淀粉酶酶活力测定

1) 测定原理

淀粉经糖化酶水解为葡萄糖和麦芽糖, 3, 5-二硝基水杨酸(DNS) 与还原糖共热后被还原成棕红色的 3-氨基-5-硝基水杨酸, 其在波长 540 nm 处有最大吸光度, 在一定范围内, 反应液的吸光度值与麦芽糖量成正比。

2) 酶活力定义

酶活力定义: 一个酶活力单位定义为在 pH 5.6、50℃下每分钟催化 2% 的可溶性淀粉生成 1 μmol 还原性糖的酶量。

3) 粗酶液的制备

取 20 mL 左右的发酵液, 用离心机离心, 取上清液即为粗酶液。

4) 酶活力测定方法

配制 2% 可溶性淀粉溶液(沸水浴加热至透明), 定容, 摇匀。发酵液稀释 10 倍, 取 3 支 20 mL 干净的具塞刻度试管编号, 按表 13-1 进行操作。

以麦芽糖质量浓度 y(mg/mL) 为横坐标, X(OD$_{540}$ 值) 为纵坐标绘制标准曲线。标准曲线线性方程为:

$$y = 5.27X + 0.165 \quad (R^2 = 0.996)$$

表 13-1　DNS 法测葡萄糖含量

	反应管 1	反应管 2	对照管
发酵稀释液/mL	0.5	0.5	0.5
缓冲液 pH5.6/mL	0.5	0.5	0
NaOH 溶液(0.5mol/L)/mL	0	0	0.5
水/mL	1	1	1
2%淀粉溶液/mL	0.5	0.5	0.5
反应	50℃恒温 5 min	50℃恒温 5 min	50℃恒温 5 min
缓冲液(pH5.6)/mL	0	0	0.5
NaOH 溶液(0.5 mol/L)/mL	0.5	0.5	0
DNS 试剂/mL	2	2	2
反应	沸水浴 100℃恒温 5 min	沸水浴 100℃恒温 5 min	沸水浴 100℃恒温 5 min
定容	冷却定容至 20 mL	冷却定容至 20 mL	冷却定容至 20 mL
比色 OD$_{540}$			
计算酶活力			

4.4　显微镜观察

（1）在载玻片上涂上水印圈（蒸馏水或无菌水，$\phi 0.5$ cm），将斜面或平板的 Lys-1602 菌苔用接种环蘸取少许细胞（无菌操作）涂层于水印圈中，均匀涂开；将载玻片中微生物细胞涂层在酒精灯上掠过烘干（载玻片在手背上接触不烫手），再用接种环蘸取少许结晶紫继续涂于斑点上，并用蒸馏水清洗一遍，然后继续在酒精灯上烘干，用 100×10 油镜观察，拍照。

（2）根据发酵过程时序变化（摇瓶、发酵罐），观察菌株的细胞形态变化。

4.5　淀粉酶液体酶制剂的制备

（1）过滤除渣，发酵也经 4 层纱布过滤；（2）离心除渣除菌，经 10000g 离心 10 min，收集上清液；（3）微滤去除菌体，采用中空纤维微滤管，用蠕动循环泵过滤除菌；（4）超滤浓缩，采用超滤（截留分子量 100000~30000 Da）中空纤维微滤管，不断浓缩至原来体积的 1/5~1/10（电泳上样），其间可用蒸馏水不断冲洗；（5）加防腐剂：按表 13-2 配方添加防腐剂。

表 13-2　淀粉酶防腐剂配方 *

防腐剂名称	淀粉酶	木聚糖酶	纤维素酶	β-葡聚糖酶
苯甲酸钠(%)	0.3	0.3	0.3	0.3
山梨酸钾(%)	0.2	0.2	0.2	0.2
山梨醇(%)	10~15	10	15	10
无碘盐(%)	12~15	5~7	12	15
AT80(%)			0.8~1.0	
佰傲抑菌剂(%)			0.5~0.8	
pH	5.5~6.5	4.5~4.8	4.5~4.8	4.5~4.8

注 *：巴斯夫 AT80 是防染剂。磺酸有很多种，一般指 C12~C14 烷基苯磺酸，现在分直链（ABS）的和支链的（SRS）（指分子取代基的位置）。现在欧美官方对于直链的已经禁止，主要是因为其分解产物中含有苯，而支链的不易分解，属于环保型的。烷醇酰胺 6502 也是一种表面活性剂，洗涤剂的成分之一，有增稠作用，略有柔软抗静电功能。这个工艺处方：直链烷基苯磺酸+烷醇酰胺 6502+AT80+烧碱+水 = 牛仔水洗助剂，主要是牛仔布在洗花的同时防止靛蓝染料二次玷污到牛仔布上，这里磺酸起到了洗涤作用，6502 起到了增稠柔软作用，AT80 起到了防止再玷污作用，烧碱起到了拔色作用，水就是用来溶解的。

4.6 Native-PAGE 活性电泳分析淀粉酶酶系组成

（1）按表 13-3 配制 9% 聚丙烯酰胺凝胶（无 SDS，无 β-巯基乙醇），直接插上梳子。

A 液：30% 聚丙烯酰胺凝胶

B 液：分离胶缓冲液，pH 8.8 1.5 mol/L Tris-HCl；

C 液：浓缩胶缓冲液，pH 6.8 1.5 mol/L Tris-HCl；

D 液：重蒸水；

E 液：10% 过硫酸铵（AP 现用现配）；

F 液：TEMED。

表 13-3 分离胶与浓缩胶浓度配方（分离胶 24 mL；浓缩胶 8 mL）

胶	分离胶									浓缩胶
浓度	3%	5%	7%	8%	9%	10%	12.5%	15%	20%	5%
A 液/mL	2.4	4	6	6.4	7.2	8	10	12	14	1.34
B 液/ml	6	6	6	6	6	6	6	6	6	—
C 液/mL	—	—	—	—	—	—	—	—	—	2
D 液/mL	15.6	14	12	11.6	10.8	10	8	6	2	4.6
E 液/μL	300	300	300	300	300	300	300	300	300	100
F 液/μL	30	30	30	30	30	30	30	30	30	10

（2）样品溶解液：20% 甘油，0.02% 溴酚蓝。

电极缓冲液（pH8.3）：Tris 4.2 g，Gly 20.161 g，SDS 0.7 g 溶解于 700 mL 超纯水中。

染色液：50% 甲醇 227 mL，加冰乙酸 23 mL，混匀，加考马斯亮蓝 R-250 0.125 g。

脱色液：冰乙酸 75 mL，甲醇 50 mL，蒸馏水定容至 1000 mL。

（3）电泳实验操作过程。

电泳：将蛋白样品及标准蛋白溶液与样品缓冲液以 4：1 混合，用微量移液器缓慢上样 10 μL，上样后接上电泳仪，调至恒压 120 V，待指示剂全部进入分离胶后，电压提高到 180 V，继续电泳直到溴酚蓝前沿到达距凝胶下沿约 0.5 cm 时，关闭电源，停止电泳。

染色脱色：轻轻取下凝胶，从中间纵向切为 2 块，其中一块置于固定液中（考马斯亮蓝染色），固定 30 min（30℃），于室温下染色 60 min 左右（30℃），放入脱色液中脱色。

另一块放入平板中，加入 2% 可溶性淀粉 10 mL，（50℃）5~10 min；用水漂洗 3~5 min（50℃）。再用 0.1 mol/L 碘液染色 1~3 min，观察透明条带，透明条带即为淀粉酶组分，同时比较观察考染条带，拍照分析。

4.7 淀粉酶水解淀粉产物分析

（1）取 EP 管 1 支，加入 2%可溶性淀粉 0.2 mL，再加入液体酶制剂 0.2 mL，50℃水浴 5~10 min。

（2）取活化好的硅胶薄板（5 cm×10 cm）一块，于薄板低端 1.0 cm 处用铅笔轻描上样水平基线及上样点，间距 0.7 cm。将葡萄糖、麦芽糖、麦芽三糖、麦芽四糖、麦芽五糖标样（浓度 2.0%）在同一上样点各上样 0.4 μL（混标），其余点上样水解产物（0.5μL）。上样斑点直径小于 0.3 cm。

（3）展开剂体积比：正丁醇：水：醋酸＝2：1：1，展开至前沿 0.5 cm 处时，停止层析，硅胶板用热风机吹干。

（4）显色：用苯胺–二苯胺显色剂喷雾，100℃加热 10 min 后显色，拍照，计算 R_f 值，分析产物成分。

5 实验数据记录和处理

（1）根据麦芽糖标准曲线方程求麦芽糖生成量，计算发酵液中的酶活力

$$酶活力\ Y=\frac{(5.27OD_{540}+0.165)\times 稀释倍数}{反应时间（5\ min）\times 反应酶液体积（0.5\ mL）}（IU/mL\ 酶液）$$

（2）将淀粉酶浓缩及得率计算的结果填入表 13-4。

表 13-4　淀粉酶得率计算

发酵液原液	稀释倍数	酶活力	得率（%）
离心液			
微滤液			
超滤浓缩液			
超滤外液			

（3）根据电泳图片分析淀粉酶的组分（参见实验结果图 13-1、图 13-2）。

（4）根据薄层色谱图片分析淀粉酶产物的组分（参见实验结果图 13-3）。

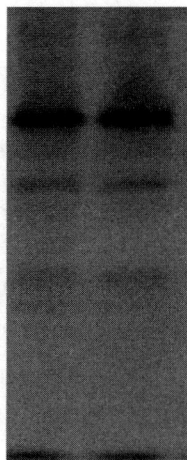

图 13-1　考马斯亮蓝 R-250 染色

图 13-2　碘液染色

6　实验注意事项

苯胺显色剂为有毒物质，需置于通风橱喷雾。

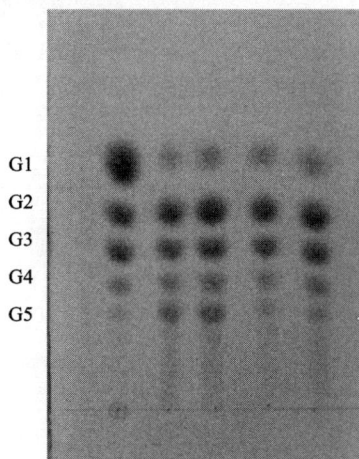

M(标样 Marker)，G1~G5 分别为葡萄糖、麦芽糖、麦芽三糖、麦芽
四糖、麦芽五糖；标样后四个泳道分别为淀粉酶水解产物。

图 13-3　淀粉酶产物的薄层色谱苯胺显色

参考文献

［1］Cai Guiqin，Jin Bo，Monis Paul，Saint Christopher. A genetic and metabolic approach to redirection of biochemical pathways of Clostridium butyricum for enhancing hydrogen production［J］. Biotechnology and Bioengineering，2013，110(1)：338-342.

［2］徐刚，刘磊，裴宝山，等.用阀柱反吹气相色谱技术快速分析乙烯中氮气氧气氢气［J］.山东化工，2020，49(03)：79-80.

［3］尹梦.丁酸梭菌的产氢影响因素及其代谢特性的研究［D］.上海：上海师范大学，2020.

［4］林元山，余瑶，卢向阳，等.一种生产酸性高温淀粉酶的菌株及其工艺方法，2011-06-29，中国，CN201110179350.5（授权专利）.

实验十四
途径工程改造解脂耶氏酵母合成花生四烯酸

1　实验目的

基于途径工程改造解脂耶氏酵母，实现花生四烯酸的异源合成。

2　实验原理

花生四烯酸是一种功能性多不饱和脂肪酸，具有重要的应用价值。目前，花生四烯酸的主要来源有组织提取、微生物发酵与转基因植物异源合成。然而，这些方法存在一些缺点。因此，本实验选用解脂耶氏酵母为表达宿主，以该酵母自身合成的亚油酸（C18∶2）为底物，拟在酵母体内组装花生四烯酸合成途径，以实现花生四烯酸在解脂耶氏酵母体内的异源合成。

人工设计的多基因代谢途径由不同的基本元件组成，包括启动子、基因、终止子、筛选标记与整合位点。采用重叠延伸（overlap extention PCR，OE-PCR）将基本基因元件组合为独立的模块。不同的模块之间有一定长度的同源臂。基于同源重组原理，将设计的不同模块同时转化为酵母感受态，以实现多模块在酵母体内一步组装整合。

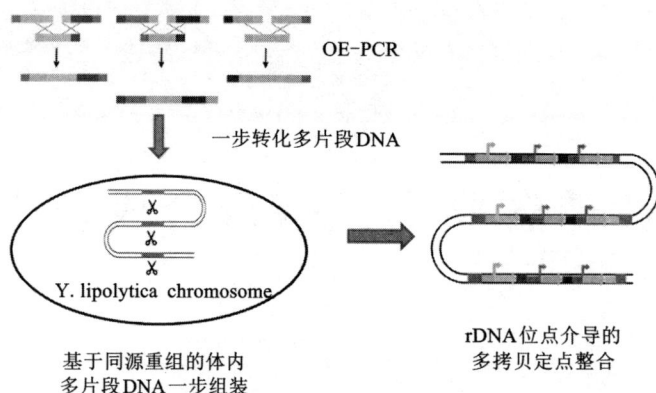

OE-PCR

一步转化多片段DNA

Y. lipolytica chromosome

基于同源重组的体内
多片段DNA一步组装

rDNA位点介导的
多拷贝定点整合

图 14-1　解脂耶氏酵母在体内一步组装花生四烯酸代谢途径示意图

3　实验材料、试剂和仪器

3.1　实验材料

解脂耶氏酵母、大肠杆菌 DH 5α、pMD18-T。

3.2　实验试剂

LB 液体培养基、LB 固体培养基、YPD 培养基、YSC-Ura 营养缺陷型筛选培养基、发酵培养基、30% 甘油等。

一步组装试剂盒、感受态制备试剂盒、高保真聚合酶 2×Phanta Max Master Mix、普通聚合酶 2×Taq Master Mix、DNA 纯化回收试剂盒、pMD18-T、DNA 连接试剂盒、核酸 Marker、酵母 DNA 提取试剂盒等。

3.3　实验仪器

PCR 扩增仪、电泳仪、移液枪、离心机、恒温干燥箱、分析天平、生物双目显微镜、凝胶成像系统、超净工作台、高效气相色谱仪、SBA-40A 生物传感器、RHS-3C 型 pH 计等。

4　实验方法与步骤

4.1　基因优化与合成

通过文献检索，NCBI 数据库分别调研合成花生四烯酸生物合成途径中功能酶基因(包括 Δ6 去饱和酶基因、Δ6 延长酶基因与 Δ5 去饱和酶基因)。使用 DNAworks 3.1，根据密码子偏好性原则，将功能基因进行密码子优化，优化宿主为解脂耶氏酵母，优化基因由公司合成。人工合成途径中其他功能元件(包括启动子、终止子、整合位点与筛选标记)送公司合成。

人工设计花生四烯酸合成途径中不同基因元件与模块均使用 2×Phanta Max Master Mix 高保真聚合酶进行扩增，PCR 反应程序：95℃，2 min；95℃，10 s；T_m，10 s，72℃；t，72℃，5 min；4℃保存。其中，T_m 表示扩增基因的退火温度，t 表示扩增基因的延长时间。

4.2　载体构建

分别使用对应引物扩增基本基因元件(包括启动子、功能基因、终止子、筛选标记与整合位点)；通过 OE-PCR 将不同基因元件组装为模块，并连接 pMD18-T (simple) 载体，具体操作参见组装试剂盒说明书。质粒提取操作参见试剂盒说明书。对构建的重组载体进行测序，用于后续实验研究。

4.3　酵母感受态制备与转化

酵母感受态制备与转化流程参见试剂盒说明书。

4.4　菌株培养方法

1)大肠杆菌 DH 5α 培养条件

挑取单菌落，接种于 LB 氨苄抗性液体培养基，37℃、200 r/min 摇菌 12 h，用于质粒提取。

2)解脂耶氏酵母培养条件

挑取单菌落，接种于 YPD 液体培养基，28℃、200 r/min 摇菌 24~48 h，用于基因组提取。

3）种子培养

挑取单菌落置于 5 mL YPD 液体培养基，28℃、200 r/min 摇菌 24 h，进行种子活化；按照 5% 接种率将种子再次转接入 50 mL YPD 液体培养基，28℃、200 r/min 摇菌 48 h，培养至稳定初期，作为种子液用于发酵。

4.5　阳性转化子筛选

采用 YSC-Ura 营养缺陷型筛选培养基进行工程酵母菌株筛选，28℃ 培养 2~3 d，挑取单菌落，在 YPD 培养基扩摇。取适当菌液，采用酵母 DNA 提取试剂盒提取样品基因组。以基因组作模板，采用 PCR 扩增人工设计合成途径中的三个功能基因。酵母基因组提取具体操作参见试剂盒说明书。

合成途径中三个功能基因均使用 2×Taq Master Mix 普通酶进行扩增，PCR 反应程序：94℃，5 min；94℃，30 s；T_m，30 s，72℃；t，72℃，5 min；4℃ 保存。其中，T_m 表示扩增基因的退火温度，t 表示扩增基因的延长时间，该酶扩增效率 1 kb/min。

4.6　工程菌株发酵培养

挑取单菌落于 5 mL YPD 液体培养基，28℃、200 r/min 摇菌 24 h，进行种子活化；按照 5% 接种率将种子再次转接入 50 mL YPD 液体培养基，28℃、200 r/min 摇菌 48 h，培养至稳定初期，作为种子液用于发酵。按照 10% 接种率将培养好的种子培养物接种于 50 mL 液体发酵培养基，28℃、180 r/min 摇菌 72 h。

4.7　花生四烯酸含量测定

取 100 mL 发酵液，12000 r/min 离心 10 min，收集菌体，用去离子水洗涤 2 次，弃上清液，将菌体于 50℃ 烘干至恒重。称取 1.0 g 左右酵母干菌体，先加入 10 mL 4 mol/L 盐酸，静置 20 min 后，沸水浴 10 min，马上放入 -80℃ 冰箱冷冻。冷冻 15 min 后，加入 10 mL 氯仿和 5 mL 甲醇，封口。然后在 200 r/min 下振荡 30 min，振荡结束后，将瓶中液体离心分液（5000 r/min，10 min），上层为破碎的酵母、甲醇及杂质，下层为溶有油脂的氯仿溶液。取下层氯仿至 10 mL 离心管中，放置通风橱水浴蒸发处理，残留液体用氮气吹干，放入真空干燥箱干燥 2 h，获得菌体油脂含量。称取 0.1 g 油脂置于 2 mL 离心管中，加入 1 mL 正己烷和 0.1 mL 氢氧化钾/甲醇溶液，振荡混匀 1 min，放置 15 min 进行甲酯化反应。然后将溶液 5000 r/min 离心 5 min，取上层澄清溶液 200 μL 置于干净的 2 mL 离心管，取 1 μL 用于气相色谱分析。

5　实验数据记录与处理

5.1　葡萄糖含量测定

取 2 mL 发酵液，12000 r/min 离心 10 min，取 0.1 mL 上清液定容至 10 mL，充分混匀，取 25 μL 稀释后溶液使用 SBA-40A 生物传感器进行测定。

5.2　pH 测定

取 10 mL 发酵液，12000 r/min 离心 10 min，取 5 mL 上清液使用 RHS-3C 型 pH 计进行测定。

5.3　生物量测定

采用减重法测定生物量，具体操作如下：取 50 mL 发酵液，12000 r/min 离心 10 min，收集菌体，用去离子水洗涤 2 次，弃上清液，将菌体于 50℃烘干至恒重。

5.4　油脂提取

根据 Cahoon 等报道的油脂提取方法，进行适当修改。称取 1.5 g 左右酵母干菌体，先加入 10 mL 4 mol/L 盐酸，静置 20 min 后，沸水浴 10 min，马上放入-80℃冰箱，冷冻。冷冻 15 min 后，加入 10 mL 氯仿和 5 mL 甲醇，封口。然后在 200 r/min 下振荡 30 min，振荡结束后，将瓶中液体离心（5000 r/min，10 min）分液，上层为破碎的酵母、甲醇及杂质，下层为溶有油脂的氯仿溶液，取下层氯仿至 10 mL 离心管中，用氮气吹干，放入真空干燥箱干燥 2 h，获得菌体油脂含量。

5.5　油脂甲酯化

参照 GB/T 17376—1998 对所提取的油脂进行甲酯化处理。称取 0.1 g 油脂置于 2 mL 离心管中，加入 1 mL 正己烷和 0.1 mL 氢氧化钾/甲醇溶液，振荡混匀 1 min，放置 15 min 进行甲酯化反应。将溶液 5000 r/min 离心 5 min，取上层澄清溶液 200 μL 置于干净的 2 mL

离心管，用于气相色谱分析。

5.6　脂肪酸成分分析

采用气相色谱仪（GC 2010，Shimadzu，Japan）分析油脂甲酯化产物，分析条件如下：载气：氮气；分流比：10∶1；色谱柱：DB-23（60 m×0.25 mm×0.25 μm）；FID 检测器；进样口温度为250℃；柱温初始温度为100℃，以25℃/min 升温至196℃，再以2℃/min 升温至220℃，并维持6 min；检测器温度280℃；进样量为1 μL。

6　实验注意事项

（1）掌握 OE-PCR 的技术原理。
（2）清楚脂肪酸甲酯化的原理与操作流程。

参考文献

［1］黄鹏伟，龚大春，戴传超，等.基因组装技术在合成生物学中的应用［J］.微生物学通报，2018，45（06）：1358-1368.

［2］Liu H H，Madzak C，Sun M L，et al. Engineering Yarrowia lipolytica for arachidonic acid production through rapid assembly of metabolic pathway［J］. Biochemical Engineering Journal，2017，119：52-58.

实验十五

环氧化物水解酶的定向进化

1　实验目的

熟悉酶定向进化的技术及原理，掌握酶纯化的方案及流程，了解气质联用的原理和操作方法。

2　实验原理

环氧化物水解酶(epoxide hydrolase，EH)是一类能够选择性催化环氧化物开环，形成相应邻位二醇的催化剂，其产生的邻位二醇是重要的化学合成中间体。定向进化技术是改善蛋白质性能最有前途的方法，利用定向进化的技术和策略改造环氧化物水解酶能够有效地改进酶学特性，大幅缩短 EHs 的进化过程。

定向进化是在试管中模拟达尔文进化过程，通过随机突变和重组，人为制造大量的突变，按照特定的需要和目的给予选择压力，筛选出具有期望特征的蛋白质，实现分子水平的模拟进化。定向进化通常包括以下几个内容：一是构建突变体库，在高速计算分析方法的辅助下，定点设计有效突变，构建高质量的酶突变体库；二是构建优良的基因表达体系，使酶的编码基因得以高效表达，获得能够满足要求的酶分子；三是建立合理的高通量筛选方法，能够尽量快速且简便地完成突变体库的分析和检测，从而获得具有目标特性的酶突变体。

3 实验材料、试剂和仪器

3.1 实验材料

EH 编码基因、芽孢杆菌 WB600、pHY-p43 强启动子载体。

3.2 实验试剂和耗材

1）实验试剂

Soluble Binding Buffer (pH7.9)：20 mmol/L Tris-HCl，10 mmol/L 咪唑，0.5 mol/L 氯化钠。

Soluble Elution Buffer (pH7.9)：20 mmol/L Tris-HCl，500 mmol/L 咪唑，0.5 mol/L 氯化钠。

底物反应液：5%乙腈，50 mmol/L 环氧环己烷，50 mmol/L 磷酸钾缓冲液，调节 pH 至 7.0。

SDS-PAGE 上样缓冲液：$0.25\ mol \cdot L^{-1}$ Tris-HCl(pH6.8)，10%(w/v)SDS，0.5%(w/v)溴酚蓝，50%(v/v)甘油，混匀后分装成每份 0.5 mL，室温保存，使用前每份加入 25 μL β-巯基乙醇。

考马斯亮蓝 G-250 试剂：0.1 g 考马斯亮蓝 G-250，85 mL 85%磷酸和 50 mL 乙醇定容至 1 L 后滤纸过滤。

100 mg/mL 氨苄青霉素。

30%聚丙烯酰胺贮液：丙烯酰胺 150 g，甲叉双丙烯酰胺 4 g，双蒸水 500 mL，滤纸过滤后，棕色试剂瓶 4℃避光保存。

Tris-HCl 分离胶缓冲液(pH8.8,1.5 mol/L)：18.15 g Tris，加 80 mL 蒸馏水溶解，用 1 mol/L HCl 调至 pH 8.8，定容至 100 mL，棕色瓶避光 4℃保存。

Tris-HCl 分离胶缓冲液(pH 6.8 1.0 mol/L)：12 g Tris，加 80 mL 蒸馏水溶解，用 1 mol/L HCl 调至 pH 6.8，定容至 100 mL，棕色瓶避光 4℃保存。

10% SDS 溶液：10 g SDS 加水定容至 100 mL，完全溶解室温保存。

10%过硫酸铵溶液：0.1 g 过硫酸铵加水定容至 1 mL，用前新鲜配制。

1×SDS-PAGE 电泳缓冲液：25 mmol/L Tris (3.0285 g/L)，192 mmol/L 甘氨酸 (14.41 g/L)，0.1%SDS(1 g/L)，pH 8.30。

染色液：0.25 g 考马斯亮蓝 R-250 溶解于 45 mL 甲醇，45 mL 水，10 mL 冰醋酸，过滤除去杂质。

脱色液：45 mL 甲醇，45 mL 水，10 mL 冰醋酸。

固定液：50 mL 甲醇，40 mL 水，10 mL 冰醋酸。

2）实验耗材

250 mL 培养瓶、9 cm 培养皿、各种规格无菌离心管、无菌枪头、移液器、酒精棉球、His-tag 蛋白纯化试剂盒、7 kDa 透析袋、定点突变试剂盒 Site-Directed Mutagenesis Kit。

3.3　实验仪器

超净工作台、振荡培养箱、高速冷冻离心机、高压灭菌锅、恒温水浴锅、超声波破碎仪、气相色谱仪 Scion GC456。

4　实验方法与步骤

4.1　突变体的设计

在计算机软件辅助下设计突变，确定突变的位点及突变的氨基酸类型，在计算分析结果的指导下，通过定点突变试剂盒 Site-Directed Mutagenesis Kit 将突变引入到环氧化物水解酶编码基因中。编码基因通过设计好的引物（通过 www. bioinformatics. org/primerx/进行），携带上 His-tag 标签，以便于后期的纯化。

4.2　表达体系构建

根据 EH 编码基因的序列信息，设计一对引物，正向引物：5′-CGGGATCCCGTTGGGCTAACAGGAGGAATTAC – 3′，反向引物：5′ – CGGAATTCCGCAAGCTGGAGACCGTTTAAACT-3′，PCR 反应体系为 94℃，5 min；94℃，30 s，65℃，30 s，72℃，30 s，30 个循环；72℃，10 min，克隆出 EH 编码基因，序列全长 570 bp。选择带有强启动子的载体 pHY-p43 与编码基因相连，限制性内切酶 BamH I 和 EcoR I同时双酶切 pHY-p43 和编码基因，37℃下双酶切 4 h，切割产物连接后形成重组质粒 pHY-p43-EH（图 15-1）。重组质粒转化到大肠杆菌 Top10 中，将测序正确的重组子重培，提取质粒进行 PCR、双酶切和蛋白表达的检测，通过电转将重组子转化到芽孢杆菌 WB800 中进行胞外表达。

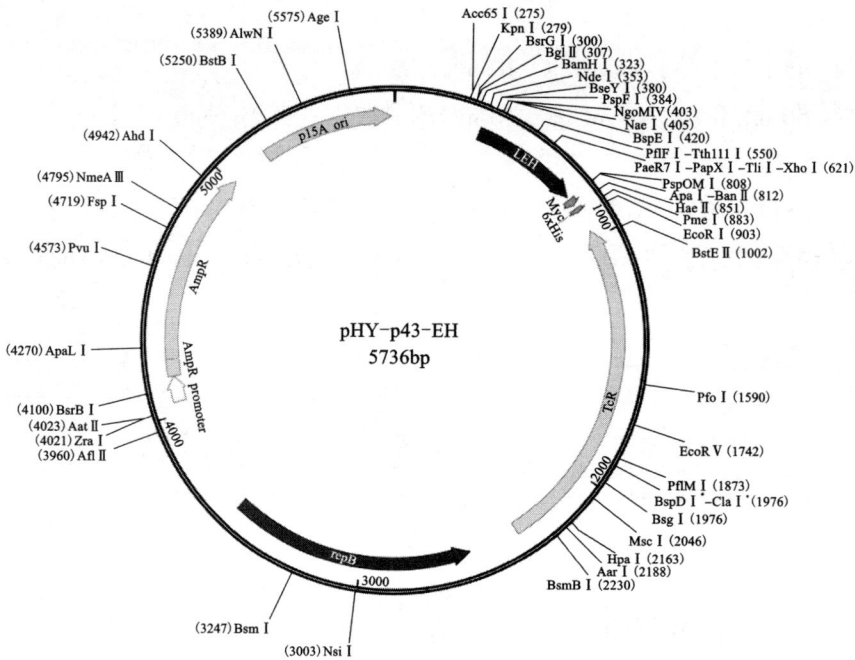

图 15-1　pHY-p43-EH 的质粒图谱

4.3　质粒转化

在 2 mL EP 管中加入 50 μL 芽孢杆菌 WB600 菌液(1 mg/mL),10 μL 构建的突变质粒,轻轻混合后冰浴 30 min,42℃金属浴中热击 90 s,迅速冰浴 2 min,在超净工作台中加入 1 mL 的 LB 培养基,放置于振荡培养箱中 150 r/min、37℃培养 1 h。培养结束后,取 150 μL 培养液涂布于含 100 μg/mL 氨苄青霉素的固体 LB 培养基中,正面培养 1 h 后,倒置培养 12 h,挑取长势良好的单菌落,保存备用。

4.4　酶的制备

筛选获得的单菌落菌体,接种于 100 mL 液体 LB 培养基中,放置于振荡培养箱中 37℃、150 r/min 培养。当培养液中菌体密度达到 $OD_{600} \approx 0.6$ 时,加入 200 μL 10% L-阿拉伯糖(终浓度为 0.02%),30℃下 150 r/min 继续振荡培养 16 h。

4.5　酶的纯化

取培养液进行冷冻离心，6000 r/min 离心 10 min 后收集菌体，用 10 mmol/L HEPEs（pH 7.5）缓冲液重新悬浮收集的菌体，冰浴中对菌体进行超声波破碎，破碎条件为 60 W，开 5 s，关 10 s，工作总时长为 15 min。破碎完成后在冷冻条件下 6000 r/min 离心 20 min，上清液即为环氧化物酶的粗酶液。回收粗酶液后进行镍柱亲和层析纯化，具体操作如下：①用 5 倍柱体积的 ddH$_2$O 冲洗柱子，用 10 倍柱体积的 Soluble Binding Buffer 平衡柱；②Soluble Binding Buffer 与 ddH$_2$O 以 1∶1 混匀后，再以 10 倍柱体积/时流速负载上柱，收集流穿液；③使用 15 倍柱体积的 Soluble Binding Buffer 冲洗柱子，除掉杂蛋白；④使用适量的 Soluble Elution Buffer 洗脱，收集洗脱峰；⑤洗脱后使用 10 倍柱体积的 ddH$_2$O 冲洗柱子，再用 20% 乙醇平衡，封柱后于 2～8℃ 保存。将含洗脱峰的层析液混匀后即为纯化酶液。

纯化酶液使用截流量 7 kDa 的透析袋透析脱盐，放入 pH 7.5、10 mmol/L 的 HEPEs 缓冲液透析，换缓冲液两至三次，透析完成后用 PEG20000 脱水浓缩至酶液浓度为 1～2 mg/mL，脱盐浓缩后的酶液即为纯化后的环氧化物酶，4℃ 或 -80℃ 下保存。

酶纯化方案的评价如表 15-1 所示，比活力=活力单位数/毫克蛋白；纯化倍数=每步的比活力/粗酶液的比活力；回收率=每步的总活力/粗酶液的总活力×100%。

表 15-1　环氧化物酶的纯化

纯化方案	总蛋白/mg	总活力/u	比活力/(u·mg^{-1})	纯化倍数	回收率/%
粗酶液					
镍柱亲和层析					
透析					

4.6　酶含量的测定

酶含量的测定采用 Bardford 法。蛋白质浓度标准曲线体系组分添加量如表 15-2 所示，待体系反应 5 min 后用紫外可见分光光度计测定 OD$_{595}$，以蛋白质浓度为 X 轴，OD$_{595}$ 为 Y 轴作出标准曲线。

表 15-2　蛋白质标准曲线体系组分添加量

体系组分	添加量					
1 mg/mL 牛血清蛋白/μL	0	40	80	120	160	200
ddH$_2$O/μL	200	160	120	80	40	0
考马斯亮蓝 G-250/mL	5					

样品体系如下：20 μL 酶液、120 μL 超纯水与 5 mL 考马斯亮蓝混匀后静置 2 min，于波长 595 nm 下测定 OD$_{595}$，参照蛋白质标准曲线得到酶样品的浓度。

4.7　酶纯度的鉴定

SDS-PAGE 凝胶电泳样品的处理：取 16 μL 酶液，加入 4 μL 上样缓冲液，混匀后于沸水浴中处理 5 min，冷却后离心混匀。

(1)凝胶制备，设备检漏：将电泳玻璃板按顺序装好并固定，在电泳玻璃板间注满蒸馏水，静置 15~20 min，观察是否有水浸出，若无则进行下一步操作，反之，则拆除进行重新安装，并重复检漏至无液体浸出。

(2)分离胶(下层胶)的制备：根据目的蛋白质的分子量大小选择合适的凝胶浓度，不同浓度的 SDS-PAGE 分离胶的最佳分离范围如表 15-3，并按表 15-4 进行分离胶的配制。

表 15-3　蛋白质分子量与分离胶浓度的关系表

蛋白质分子量范围/kDa	分离胶浓度/%
>100	8
(30, 100]	10
(10, 30]	12
≤10	15

表 15-4　分离胶各成分表

试剂	分离胶浓度			
	8%	10%	12%	15%
H$_2$O/mL	4.63	4.0	3.3	2.3
30%聚丙烯酰胺/mL	2.67	3.3	4.0	5.0
pH8.8 1.5 mol/L Tris-HCl/mL	2.5	2.5	2.5	2.5

续表15-4

试剂	分离胶浓度			
	8%	10%	12%	15%
10% SDS/mL	0.1	0.1	0.1	0.1
10%过硫酸铵/mL	0.1	0.1	0.1	0.1
TEMED/μL	4	4	4	4
总体积/mL	10			

注：室温高于30℃，适当降低TEMED含量；所有试剂加入后充分混匀，快速注胶，避免产生气泡；注胶完成后蒸馏水液封，凝胶聚合好的标志是胶与水层之间形成清晰的界面。

（3）浓缩胶（上层胶）的制备：分离胶制备完成后，静置60~90 min，倒出水封液体，并用滤纸把剩余的水分吸干，按照表15-5制备浓缩胶。待混匀后，快速平稳注胶，迅速插入样品梳，梳底水平，静置30~40 min。

表15-5　浓缩胶各成分表

试剂	浓缩胶浓度/5%	
H$_2$O/mL	4	2
30%聚丙烯酰胺/mL	1	0.5
pH6.8 1.5 mol/L Tris-HCl/mL	1	0.5
10% SDS/μL	80	40
10%过硫酸铵/μL	60	30
TEMED/μL	8	4
总体积/mL	6	3

（4）上样：待凝胶凝结后，倒入适量电泳缓冲液，拔出梳子，向每个孔中加入10 μL样品（为避免边缘效应，须点样在中间位置，移液枪应竖直，快速点样）。

（5）跑胶：点样完成后，补充少量电泳缓冲液，接通电源，电压100 V电泳至蓝色条带进入分离胶，再改电压为150 V，电泳至蓝色条带到达分离胶底部。

（6）剥离、染色与脱色：电泳结束后，取开玻璃板，将凝胶电泳做好标记后放置于大培养皿中，蒸馏水清洗1~3次，倒入适量考马斯亮蓝R-250染液，染色40~60 min，染色结束后，用自来水清洗3~5次，倒入适量脱色液，每60 min更换一次脱色液，脱色至蛋白条带清晰即可。

4.8　催化体系中的样品处理及检测

吸取 20 μL 酶液(1~2 mg/mL),加入 990 μL 底物反应液(pH7.0, 50 mmol/L),置于 30℃水浴锅中静置孵育 90 min,对照组添加 20 μL 10 mmol/L HEPEs 缓冲液,待孵育结束后迅速放置于冰浴中。用移液枪吸取 400 μL 反应液,置于 1.5 mL EP 管中,添加 120 μL 5 mol/L 的 NaCl 和 400 μL 含 1 mmol/L 正十六烷的乙酸乙酯,涡旋振荡 30 s,8000 r/min 离心 2 min,吸取上清液至另一只 EP 管中。残留液中再次加入 400 μL 含 1 mmol/L 正十六烷的乙酸乙酯,涡旋振荡 30 s,8000 r/min 离心 2 min,取上清液。将两次上清液合并,加入无水 MgSO₄,8000 r/min 离心 2 min,吸取上清液 120 μL 装入带有内插管的气相小瓶中,上手性气相色谱柱进行分析。

采用 Scion GC456 气相色谱仪和手性色谱柱 FS Hydrodex β TBDAC 对催化体系中的底物和产物进行检测,设置程序为进样量 1 μL,进样口温度 220℃,载气为 He,流速 1 mL/min,尾吹空气流速 0.5 mL/min,分流比 50∶1,柱温箱初始温度 40℃,以 10℃/min 升温至 150℃,并保温 13 min。

5　实验数据记录与处理

1 个酶活力单位定义为在最适条件下,1 min 内转化 1 mmoL 底物所需要的酶量。

根据气相检测图谱中底物和产物的峰面积与内标的比值,参照标准曲线,分别计算底物和产物的浓度,按照以下公式计算环氧化物水解酶的立体选择性[式(15-1)]、转化率[式(15-2)]和比活力[式(15-3)]。

$$ee = \frac{(c_{R-diol} - c_{R-dion-CK}) - (c_{S-diol} - c_{S-diol-CK})}{(c_{R-diol} - c_{R-dion-CK}) + (c_{S-diol} - c_{S-diol-CK})} \times 100\% \tag{15-1}$$

$$C = \left(\frac{Area_{CHO-CK}}{Area_{IS-CK}} - \frac{Area_{CHO}}{Area_{IS}} \right) / (Area_{CHO-CK} / Area_{IS-CK}) \times 100\% \tag{15-2}$$

$$比活力 = \frac{\{(c_{R-diol} - c_{R-dion-CK})\} + (c_{S-diol} - c_{S-diol-CK}) \times V}{t \times m_{EH}} \times 100\% \tag{15-3}$$

其中 c_{R-diol} 是(R, R)型产物的浓度,c_{S-diol} 是(S, S)型产物的浓度,$c_{R-diol-CK}$ 是对照组中(R, R)型产物的浓度,$c_{S-diol-CK}$ 是对照组中(S, S)型产物的浓度,$Area_{CHO}$ 是底物峰面积,$Area_{CHO-CK}$ 是对照组中底物峰面积,$Area_{IS-CK}$ 是对照组中内标正十六烷的峰面积,$Area_{IS}$ 是内标正十六烷的峰面积,t 为反应时间,V 为反应液体积(1 mL),m_{EH} 为反应液中环氧化物酶的质量。

根据酶的比活力、转化率和 ee 值，筛选出高 ee 值、高转化率的 EH 突变酶。

6　实验注意事项

（1）进行质粒转化和突变体的表达实验时，应在医用超净工作台上严格无菌操作。实验前应开启超净工作台风机和紫外灯，避光照射 15 min 以上。灭菌后的物品可以先放传递窗中，紫外照射之后再放入超净工作台中。在开展细胞实验之前，培养基和药剂等应提前从冰箱中拿出，室温放置一段时间（让其温度恢复室温，防止冷刺激细胞），所有物品进入（包括手）超净工作台时都要喷洒酒精消毒。

（2）由于冷冻保存过的细胞变得非常脆弱，所以冻存的感受态细胞在冰浴中应快速解冻，解冻操作过程动作要快且轻。

（3）SDS-PAGE 凝胶电泳中的聚丙烯酰胺、TEMED 和 β-巯基乙醇为易燃、有毒试剂，须戴一次性手套和橡胶手套配制，且避免明火。

（4）操作手性气相色谱分析仪时，仪器必须时时监控，自动进样器如室温过低，须用吹风机进行加热处理；室温过高，则开空调以维持气相色谱仪的正常运行。

实验十六
基因启动子 *GUS* 报告载体的遗传转化及鉴定

1 实验目的

（1）掌握基因启动子 *GUS* 报告载体在基因表达模式和基因功能研究中的作用。

（2）掌握常用的植物遗传转化方法。

（3）了解转基因植物中基因表达的器官、组织和细胞的特异性。

（4）掌握 *GUS* 报告基因表达的组织化学定位的方法。

2 实验原理

2.1 *GUS* 报告基因表达及鉴定原理

启动子是一段位于结构基因 5′端上游，能被 RNA 聚合酶识别、结合并启动基因转录的 DNA 序列。它具有序列特异性、方向性、位置特异性、种属特异性等特征。根据启动子的表达特征，可分为组成型启动子、诱导型启动子、器官（或组织）特异性表达启动子。启动子包含核心启动子区域和调控区域，其本身并无编译功能，但可以决定基因的组织器官表达特异性以及在环境、内源激素等作用下的诱导型表达，因此对启动子进行分析有助于对基因表达模式及功能的解析。启动子的功能可以通过报告基因进行检测，报告基因是一类编码容易被检测和鉴定的酶或蛋白质的基因。将特定的转录调控元件剪接到报告基因上，即可通过报告基因的表达情况来直观地观察待测基因的转录活性。报告基因可采用组织化学染色的方法检测，其检测高效、操作简便，且灵敏度高。

GUS 基因存在于大肠杆菌等一些细菌基因组内，编码 β-葡萄糖苷酸酶（β-glucuronidase，GUS）。β-葡萄糖苷酸酶是一种水解酶，可催化底物 5-溴-4-氯-3-吲哚葡萄糖醛酸苷（5-bromo-4-chloro-3-indolyl-glucronide，缩写为 X-Gluc）分解，产生肉眼可见的深蓝色化合物。因此，具有 *GUS* 活性的植物部位会出现蓝色斑点，可通过肉眼或显微镜观察到。由于绝大多数植物没有检测到葡萄糖苷酸酶的背景活性，而且 *GUS* 蛋白在植物细胞中稳定存在，对较高的温度和去污剂有一定的耐受性，检测方法也简单，因此 *GUS* 基因可作为报告基因在植物组织、器官各部位表达。*GUS* 基因被广泛应用于植物基因表达调控的研究，用以预测目的基因的表达部位及表达活性。

2.2　植物遗传转化原理（以农杆菌介导法为例）

获得转基因植物目前常用的方法有农杆菌介导法、基因枪法、花粉管通道法、显微注射法、聚乙二醇法、电击法、浸渍法等。下面以农杆菌介导法为例说明。

农杆菌属革兰氏阴性的好氧杆菌，可分为根癌农杆菌（agrobacterium tumefaciens）和发根农杆菌（agrobacterium rhizogenes）。生长温度为 25~28℃，主要分布于根际土壤中，它能在自然条件下趋化性地感染大多数双子叶植物的受伤部位，并诱导产生冠瘿瘤或发状根。农杆菌分别含有 Ti 质粒和 Ri 质粒，其上有一段 T-DNA，农杆菌通过侵染植物伤口进入细胞后，可将 T-DNA 插入并整合到植物基因组中并稳定地遗传给后代。将目的基因插入到经过改造的 T-DNA 区，借助农杆菌的感染实现外源基因向植物细胞的转移与整合，通过细胞和组织培养技术，再生出转基因植株。

目前常用的农杆菌介导转化植物的方法主要有三种。

1）叶盘法转化植物细胞

先将实验植物的叶片进行表面消毒，用经过消毒的无菌不锈钢打孔器从叶片上取下圆形叶片，即叶盘。将含外源目的基因的重组 Ti 质粒的工程农杆菌液，置于培养基上培养 2~3 天，再转移到含有抗生素的选择培养基上进行选择培养，将筛选出的转化细胞再生成植株。

2）创伤植株感染法（又叫作整株感染）

创伤植株感染法是指将新培养的工程农杆菌接种在植株的新鲜伤口部位，或将其注射到植物体内，再将感染部位的薄壁组织切下来放至选择培养基上筛选，最后再转移到诱导培养基上诱导愈伤组织再生成完整的植株。

3）原生质体和农杆菌共培养法转化植物细胞

是指将工程农杆菌与正处于再生壁时期的原生质体一起培养，以促使植物细胞发生转化。然后将处理的原生质体培养成愈伤组织，在选择培养基上培养转化的愈伤组织，最后再生成转基因植株。

3 实验材料、试剂和仪器

3.1 实验材料

1）植物材料

拟南芥（arabidopsis thaliana，为 Columbia 生态型植株）、野生型烟草植株等。

2）菌株

含 Ti 质粒（pCA1301–35S：：*GUS*、pCA1301–特异性 pro：：*GUS*）的根癌农杆菌 GV3101 菌株、含 Ti 质粒（pCA1301–35S：：*GUS*、pCA1301–特异性 pro：：*GUS*）的根癌农杆菌 LBA4404 菌株等。

3.2 实验试剂

YEB 固体培养基、YEB 液体培养基、卡那霉素（Kan）、利福平（Rif）、庆大霉素（Gen）、CTAB、NaCl、Tris–HCl、EDTA–Na_2·$2H_2O$、琼脂糖、无水乙醇、三氯甲烷、NaH_2PO_4·$2H_2O$、Silwet–77、蔗糖、PCR 反应用试剂（taq 酶，Buffer，dNTP 等）、DNA Marker、卡诺固定液（95%乙醇：冰醋酸=3：1）、烟草用侵注液（infiltration medium）［250 mg D–glucose，5 mL 500 mmol/L MES（pH6.0），25 μL200 mmol/L AS（乙酰丁香酮）］。

GUS 试剂及其配制：

50 mmol/L 的磷酸钠缓冲液（pH 7.0）：A 液，取 NaH_2PO_4·$2H_2O$ 3.12 g 溶于蒸馏水，定容至 100 mL（0.2 mol/L）。B 液，取 Na_2HPO_4·$12H_2O$ 7.17 g 溶于蒸馏水，定容至 100 mL（0.2 mol/L）。取 A 液 39 mL 与 B 液 61 mL 混合，定容至 400 mL，调 pH 至 7.0。

50 mmol/L 铁氰化钾母液：称 3.295 g，用双蒸水定容至 200 mL。

50 mmol/L 亚铁氰化钾母液：称 4.224 g，用双蒸水定容至 200 mL。

0.5 mol/L EDTA 母液（pH 8.0）：称 18.6 g EDTA–Na_2·$2H_2O$，用 NaOH 调 pH 至 8.0，双蒸水定容至 100 mL。

GUS 染色液配置：100 mg Gluc，先溶于 1 mL 的 DMF。取 80 mL 50 mmol/L 的磷酸钠缓冲液（pH 7.0），加入 1 mL 50 mmol/L 铁氰化钾、1 mL 50 mmol/L 亚铁氰化钾和 2 mL 0.5 mmol/L EDTA（pH 8.0），再加入已溶解的 Gluc 和 20 mL 的甲醇，混匀。

或从试剂公司购买的商品化 *GUS* 染液。

3.3　实验仪器

PCR 仪、电泳仪、凝胶成像系统、恒温振荡培养箱、超低温冰箱、真空干燥离心机、冷冻离心机、恒温仪、水浴锅、电子天平、微波炉等。

4　实验方法与步骤

4.1　农杆菌介导的浸花序法遗传转化及鉴定步骤(以拟南芥为例)

1)农杆菌介导的浸花序法遗传转化

(1)工程农杆菌的活化:将−80℃保存的 pCA1301−35pro∷*GUS* 与 pCA1301−特异性 pro∷*GUS* Ti 质粒的农杆菌 GV3101 菌种于 YEB 固体培养基中平板划线活化,挑取单菌落加入 100 mL 液体培养基(YEB+50 μg/mL Rif+50 μg/mL Gen+50 μg/mL Kan)中扩大培养,于 28℃培养箱中 150 r/min 避光振荡培养 2.5 d 左右,直至菌液 $OD_{600}=1.8\sim2.0$。

(2)将抽薹(tai)后的拟南芥植株打顶一次,一个星期左右长出侧花序,当大部分花序处于花蕾期,即开始浸染材料。农杆菌浸染花序的较适时间为上午 9:00—10:00,下午 16:00—17:00 效果次之。

(3)将扩大培养的农杆菌液分装至两个 50 mL 离心管中,4℃、5000 r/min 离心 10 min,去上清液。

(4)用 100 mL 5%的蔗糖溶液将菌体悬浮,在菌悬液中加入 20~50 μL 终浓度为 0.02~0.05%的粘附剂 Silwet−77 和终浓度为 0.044 mol/L 的 6−BA,充分搅拌制备浸染液。

(5)剪掉已长出的拟南芥果荚,将拟南芥花序完全浸入浸染液中,浸染 50 s 左右,其间不断晃动使花序充分与浸染液接触,提高浸染效率。

(6)将浸染过的拟南芥植株避光培养 24 h 后将其移至正常光照条件下培养,并隔 6~7 天继续进行第二次浸染,两个星期之内完成第三次浸染,至植株果荚自然成熟,成熟后的种子收集于 37℃烘箱烘干。

2)转基因植株的筛选及 *GUS* 组织化学染色

(1)将烘干后的种子置于 4℃冰箱春化一周左右。

(2)用 0.1%氯化汞对低温处理后的拟南芥种子进行表面消毒 8 min,用无菌水充分漂洗 7~8 次。

(3)将漂洗干净的种子均匀平铺于筛选培养基平板上(1/2MS +10 % 蔗糖+0.8 %琼脂

+30 μg/mL 潮霉素），铺好后用封口膜封口放于温度23℃，湿度50%，16 h 光照与 8 h 黑暗交替的植物生长室中筛选培养。

（4）10~14 d 可观察到已经长出两片真叶的抗性苗，且非抗性苗均不能长根，并逐渐萎蔫。

（5）将筛选获得的拟南芥抗性苗移栽于腐殖土∶蛭石∶珍珠岩为 3∶1∶1 的混合营养土中（其间用营养液浇注），移栽三天内用保鲜膜封盖保湿，三天后揭膜，使其自然生长。

（6）待拟南芥抗性植株生长至开花前期时，采用 CTAB 法提取抗性植株的总 DNA 作为模板进行 PCR 分子检测。

（7）将分子检测鉴定为纯合植株的幼苗或花序放入 1.5 mL EP 管中，加入 1~1.4 mL 染色液，真空抽气 30 min，待材料组织完全浸入染色液中，37℃恒温条件下保温过夜。

（8）将材料转入卡诺固定液固定 6~8 h。

（9）转入 70%乙醇中脱色 2~3 次，去除叶绿素，至阴性对照材料呈白色。

（10）将材料置于 OLYMPUS-SZX16 体式显微镜或肉眼观察，白色背景上的蓝小点即为 *GUS* 基因表达的位点。其中 35 pro∶∶*GUS* 为组成型表达的阳性对照，特异性 pro∶∶*GUS* 为所预测的特异基因的表达位点。

4.2　农杆菌注射烟草叶盘的瞬时表达转化步骤

（1）从 28℃过夜培养的农杆菌 LBA4404（包含了重组载体）菌液中取 5 mL 菌液，4000 r/min 离心 5 min 后，去上清液。

（2）加入 1 mL 新鲜的 Infiltration medium 混匀，4000 r/min 离心 5 min 后，去上清液。

（3）再加入 1 mL 新鲜的 Infiltration medium 混匀，用约 10 倍体积的 Infiltration medium 将菌液稀释至 OD 小于 0.1。

（4）用注射器吸取 1 mL 处理后的菌液，通过叶片背面，将菌液注入叶片内，注射点做标记。

（5）21℃恒温培养 40~48 h，14 h 光照/10 h 黑暗。培养期间，可适当用 50 mmol/L NAA 溶液喷洒烟草植株。

（6）2 天后，剪下注射过的烟草叶片，用打孔器截取注射点周围直径约 0.8 mm 的叶盘，进行 *GUS* 染色。

GUS 组织化学染色方法同 4.1 节转基因植株的筛选及 *GUS* 组织化学染色。

5　实验数据记录和处理

(1)及时记录拟南芥花序浸染、烟草叶片注射的时间、次数及数量，根据转化结果统计转化效率。

(2)对拟南芥植株各组织器官和烟草叶片的 *GUS* 染色结果进行实体显微镜观察并拍照。

6　实验注意事项

(1)农杆菌浸染花序前一天，一定要进行花序修整，剪掉已长出的果荚和完成授粉的小花，以提高转化效率。

(2)浸染过的拟南芥植株注意保湿和避光培养，24 h 后再将其移至正常光照条件下培养。

(3)收获的种子在 37℃ 烘干后放入 4℃ 冰箱保存并完成春化备用。

实验十七

微生物的分子鉴定方法及系统发育树的构建

1 实验目的

(1)掌握微生物 16S rDNA 分子鉴定方法的原理。

(2)掌握 PCR 技术的原理和操作方法。

(3)掌握系统发育树的构建的原理。

(4)学会用 MEGA 构建系统发育树。

2 实验原理

以往对微生物鉴别的方式，通常以微生物的理化性质和形态进行甄别，该方法存在的弊端是鉴定的过程复杂且耗时。近年来，随着分子生物学的迅猛发展，细菌的分类鉴定从传统的表型、生理生化分类进入到各种基因型的分类。分子生物学菌种鉴定又包括 DNA 碱基比例的测定、核酸分子杂交、16S rDNA 序列分析方法和全基因组序列的测定。其中，以 16S rDNA 序列分析方法应用最为普遍。

2.1 微生物 16S rDNA 分子鉴定方法的原理

在大多数原核生物中 rDNA 具有多个拷贝，5S、16S、23S rDNA 的拷贝数相同。16S rDNA 是细菌的系统分类研究中最有用的和最常用的分子钟，其种类少、含量大(占细菌 RNA 含量的 80% 左右)、分子大小适中(约 1.5 kb)，存在于所有的生物中，其进化具有良好的时钟性质，且在结构与功能上具有高度的保守性，素有"细菌化石"之称。16S rDNA

由于大小适中，既能体现不同菌属之间的差异，同时通过 PCR 技术将此片段扩增，利用测序技术又能较容易地得到其序列，故被细菌学家和分类学家接受。

2.2　PCR 技术的原理

PCR 技术的基本原理类似于 DNA 的天然复制过程，其特异性依赖于与靶序列两端互补的寡核苷酸引物。PCR 技术的原理：先将 DNA 在体外高温（94℃左右，变性）时变成单链，再在低温（60℃左右，退火）时将引物与单链按碱基互补配对的原则结合，再调温度至 DNA 聚合酶最适反应温度（72℃左右，延伸），在 DNA 聚合酶（如 TaqDNA 聚合酶）的作用下，以 dNTP 为反应原料，靶序列为模板，按碱基互补配对与半保留复制原理，合成一条新的与模板 DNA 链互补的半保留复制链；重复循环变性—退火—延伸三个过程就可获得更多的"半保留复制链"，而且这种新链又可成为下次循环的模板；每完成一个循环需 2~4 min，2~3 h 就能将待扩目的基因扩增放大几百万倍。

2.3　系统发育树构建的原理

通过系统学分类分析可以帮助人们了解所有生物的进化历史过程。这一过程并不能够直接看到。系统发育树又名分子进化树，是生物信息学中描述不同生物之间的相关关系的方法，是系统学分类研究中最常用的可视化表示进化关系的方法，用一种类似树状分支的图形来概括各种（类）生物之间的亲缘关系。一般地，是通过 DNA 序列、蛋白质序列、结构等来构建系统发育树，或者通过蛋白质结构比较包括骨架结构叠合和多结构特征比较等方法建立结构进化树。系统发育树主要是它的拓扑结构和分支长度，根据拓扑结构的不同系统发育树可以分为有根树和无根树。有根树有一个根节点，代表所有其他节点的共同祖先，从根节点只有唯一路径经进化到达其他任何节点，无根树只表明了节点之间的关系，没有进化方向，但是通过引入外群或外部参考物种可以在无根树中指派根节点。

构建进化树有两种基本的方法：特征法和距离法。基于距离的构建方法有平均连接聚类法、最小进化法和邻接法；基于特征的构建方法有最大简约法、最大似然法、进化简约法、相容性方法等。不同的方法可能会得到不同的结论，我们需要用不同的方法以及不同的参数，加上对生物问题的理解来构建最好的进化树以帮助我们更好地理解生物学问题。其中一个衡量树的好坏的方法就是看 bootstrap 的值，值越大越好。

3 实验材料、试剂和仪器

3.1 实验材料

待鉴定的微生物平板保藏菌种 MR2。

3.2 实验仪器

摇床、移液枪、水浴锅、离心机、PCR 仪、电泳仪、凝胶成像系统、小刀、护目镜、镊子、酒精灯、打火机。

3.3 实验耗材

1.5 mL 离心管、200 μL PCR 管、枪头、胶回收试剂盒。

3.4 实验试剂

LB 培养基，TE 缓冲液(10 mmol/L Tris-HCl，0.1 mmol/L EDTA，pH8.0)，10% SDS，蛋白酶 K(20 mg/mL)，5 mol/L NaCl，CTAB/NaCl 溶液(5 g CTAB 溴代十六烷基三甲胺溶于 100 mL 0.5 mol/L NaCl)，酚/氯仿/异戊醇(质量比为 25∶24∶1)，异丙醇，70% 乙醇，无菌水，20 mmol/L 4 种 dNTP 混合液(pH8.0)，10×PCR 扩增缓冲液，Taq 酶，27F/1492R 正反向引物，Loading Buffer，Gel Green 核酸染料，琼脂糖。

4 实验方法与步骤

4.1 微生物全基因组 DNA 的提取

(1)从待鉴定微生物 MR2 的培养平板上挑取单菌落接种于 3 mL LB 培养基中，37℃培养过夜；

（2）将 1 mL 上述培养物置于一个 1.5 mL 离心管中，12000 r/min 离心 3 min，弃上清液；

（3）在沉淀物中加入 567 μL 的 TE 缓冲液，反复吹吸使之重新悬浮，加入 30 μL 质量浓度为 10% 的 SDS 和 3 μL 20 mg/L 的蛋白酶 K，混匀，于 37℃ 水浴锅温育 1 h；

（4）加入 100 μL 5 mol/L NaCl，充分混匀，再加入 80 μL CTAB/NaCl 溶液，混匀后在 65℃ 继续温育 10 min；

（5）加入等体积的酚/氯仿/异戊醇，混匀，8000 r/min 离心 4~5 min；

（6）将上清液转入一支新的 EP 管中，加入 0.6~0.8 倍体积的异丙醇，轻轻混合直到 DNA 沉淀形成，再 8000 r/min 离心 1 min，弃上清液；

（7）沉淀用 1 mL 70% 的乙醇与之混匀，8000 r/min 离心 1 min，弃上清液；

（8）重复步骤（7）；

（9）将沉淀放置至 DNA 稍干燥，重溶于 20 μL TE 缓冲液中；

（10）配置 0.7% 的琼脂糖凝胶，取 5 μL 总 DNA 样品与 2 μL Loading buffer 混合上样电泳检验（120 V，1 h），再置于凝胶成像系统观察，记录结果，剩余样品备用或置于−20℃ 保存。

4.2　PCR 扩增 16S rDNA 基因片段

（1）按照表 17-1 中各成分次序，将各成分加入提前灭菌的 200 μL 的 PCR 管中。

表 17-1　PCR 扩增各成分

序号	成分	50 μL 反应体系
1	Taq DNA 聚合酶	0.5 μL
2	20 mmol/L 4 种 dNTP 混合液（pH 8.0）	5 μL
3	dNTP 混合物	1.5 μL
4	20 μmol/μL 正向引物 27F	1 μL
5	20 μmol/μL 反向引物 1492R	1 μL
6	模板 DNA（20~30 ng/μL）	1 μL
7	ddH$_2$O	40 μL

将管中成分用枪头混合均匀，注意不要产生气泡。

按照表 17-2 的方案进行 PCR 扩增。

表 17-2　PCR 扩增方案

温度/℃	时间	
94	5 min	预变性
94	45 s	
55	45 s	30个循环
72	1 min 30 s	
72	10 min	
4	∞	

（2）配置 1% 的琼脂糖凝胶，PCR 完成后，取 50 μL 产物与 3 μL Loading buffer 混合上样电泳检验（100 V，1 h），再置于凝胶成像系统观察，记录结果。

（3）将步骤（1）中目的片段 16S rDNA 扩增产物的凝胶切下，按照所购买的凝胶纯化试剂盒上的操作步骤进行操作，回收纯化 PCR 产物。

（4）配置 1% 的琼脂糖凝胶，取 3 μL 回收产物与 1 μL Loading buffer 混合上样电泳检验（100 V，1 h），再置于凝胶成像系统观察，记录结果。

（5）将剩余回收产物送至测序公司检测基因序列。

4.3　扩增序列比对及系统发育树的构建

1）BLAST 序列比对

（1）登录 NCBI 数据库（网址 https：//www.ncbi.nlm.nih.gov/），运用 BLAST 进行序列比对，将公司检测出菌种 MR2 的 16S rDNA 基因序列复制粘贴于图 17-1 所示标的方框中或者通过上传文件（文件格式为.txt 或.seq）的方式进行上传，如图 17-1 所示。

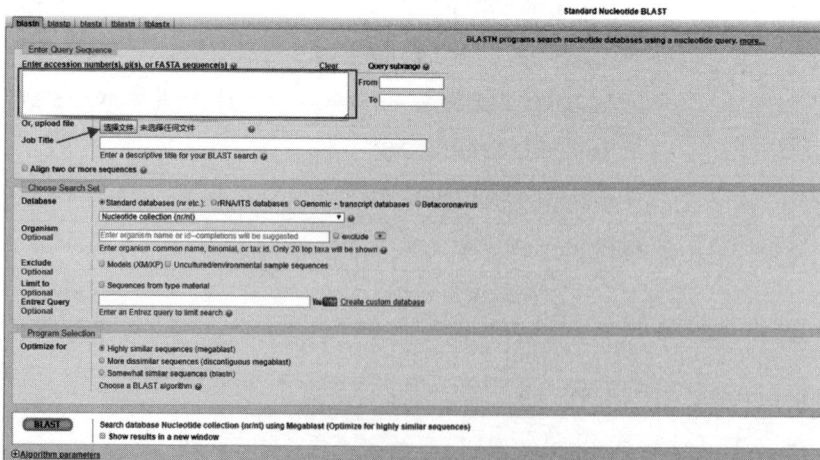

图 17-1　BLAST 序列上传及比对

（2）其他参数选择默认，点击"BLAST"按钮，进行比对。比对结果显示，该待鉴定菌种 MR2 与 Lelliottia jeotgali PFL01 相似度最高，且达99%以上，判断其是 Lelliottia jeotgali。

（3）挑选相似度靠前的菌种（图 17-2 中已选出），并点击"Download"下的"FASTA（complete sequences）"或"FASTA（aligned sequences）"，下载其基因序列，保存在默认文件"seqdump. txt"中，为方便后续分析，可将文件格式改成. fasta。

（4）以写字板方式打开"seqdump. fasta"文件，如图 17-3 所示，将待鉴定菌种 MR2 的 16S rDNA 基因序列复制到文件中，并在序列前插入序列名">MR2"。

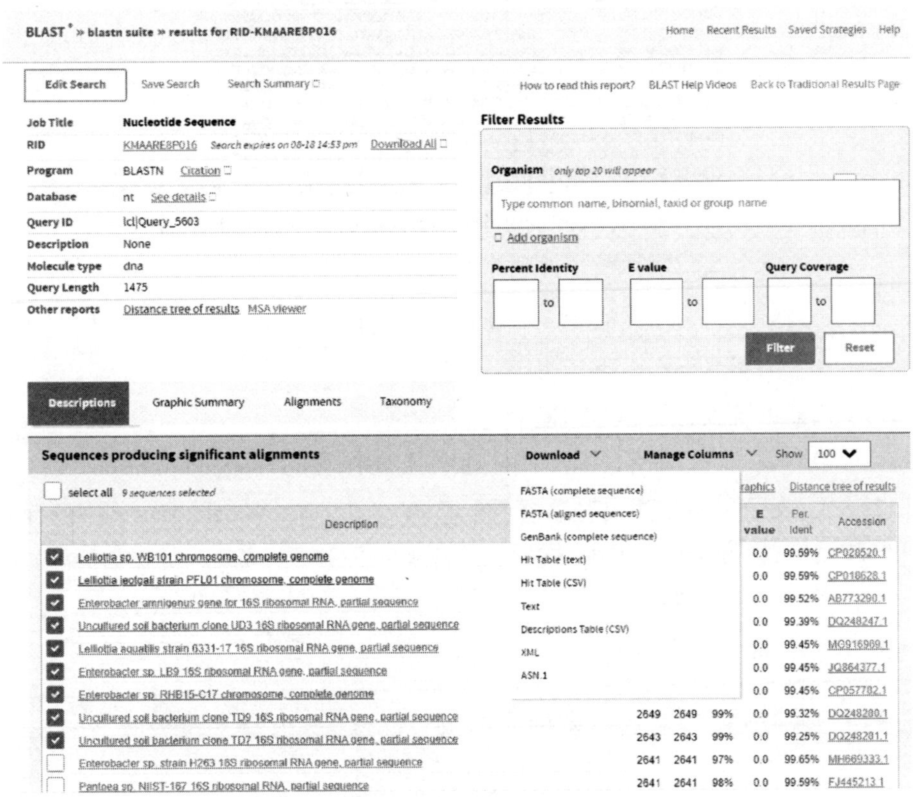

图 17-2　序列比对结果

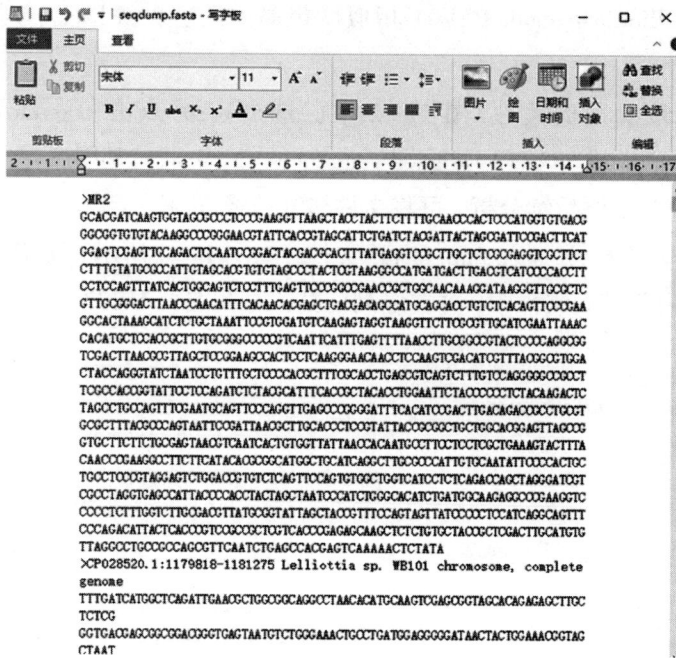

图 17-3　比对文件 seqdump

2）MEGA 构建系统发育树（以 MEGA5.2.2 为例）

（1）打开 MEGA（图 17-4），点击"File"上传上述保存的"seqdump. fasta"文件，弹出对话框（图 17-5），选择 Align，弹出对话框（图 17-6），在 DNA Weight Matrix 中选择 ClustalW ［1.6］，其他参数可选择默认，点击"OK"，运行程序。

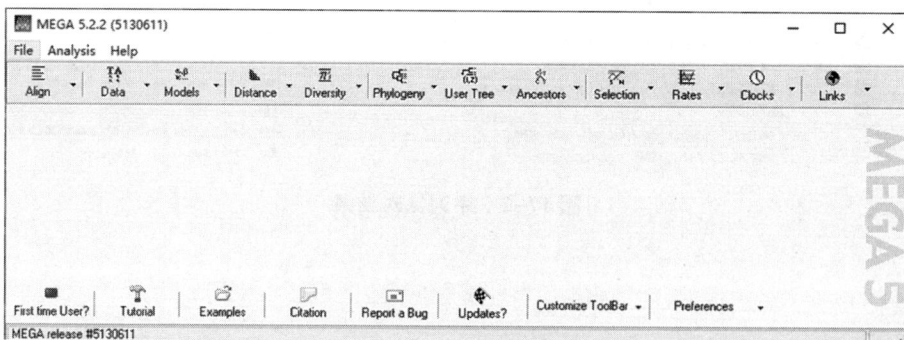

图 17-4　MEGA 主界面

图 17-5　打开文件弹出的对话框

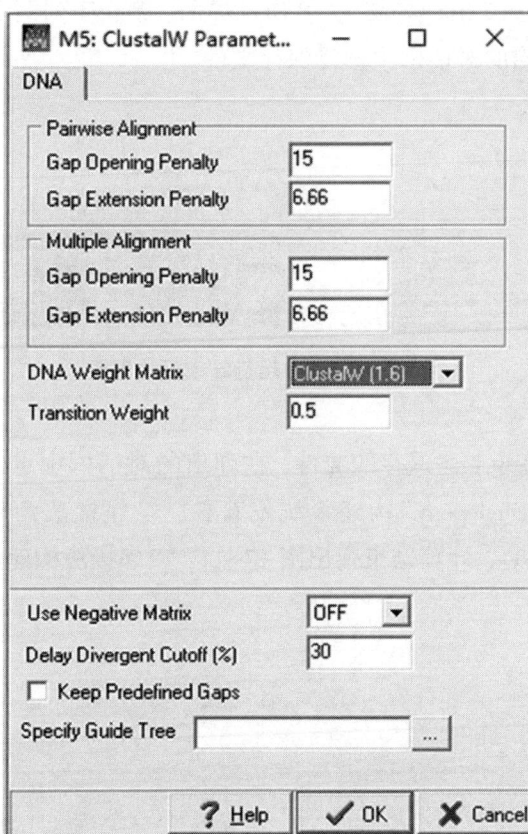

图 17-6　选择 Align 弹出的对话框

或者直接双击"seqdump. fasta"文件也可打开(图 17-7),选择全部序列,单击主菜单的"Alignment"下的"Align by ClustalW",会弹出与图 17-6 相同的对话框,后面的操作类似。

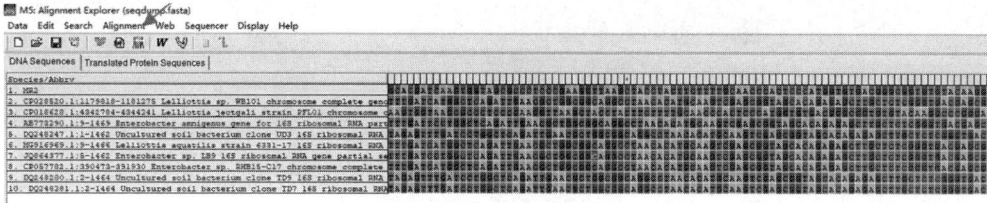

图 17-7　双击文件打开的界面

（2）待 Align 运行结束，出现如图 17-8 所示界面，删除序列两端不能完全对齐的碱基，然后关闭该窗口，在弹出的对话框中选择保存文件。

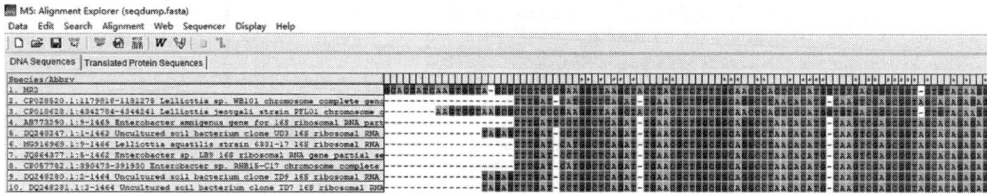

图 17-8　Align 运行结束后的界面

（3）回到主界面，打开上述保存的文件，在弹出的对话框中点击"Analyze"，出现如图 17-9 所示界面，点击"Phylogeny"构建系统发育树，以邻接法为例，设置 Bootstrap 值为 1000 进行计算（图 17-10），计算结束弹出图 17-11，以邻接法构建的系统发育树生成。

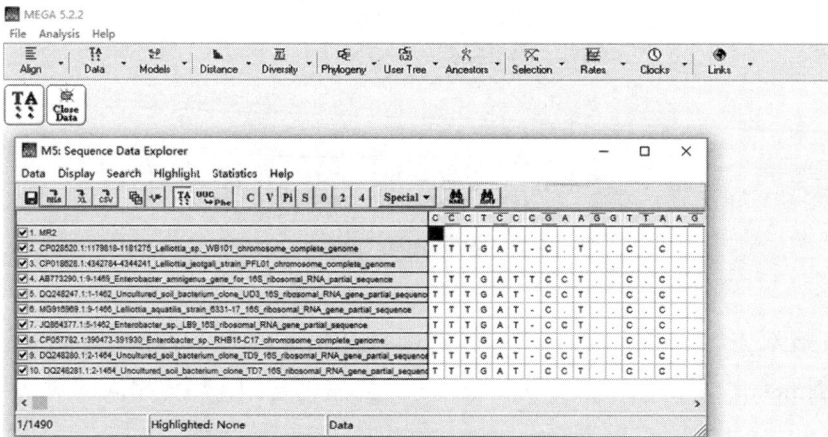

图 17-9　打开"seqdump. mas"文件界面

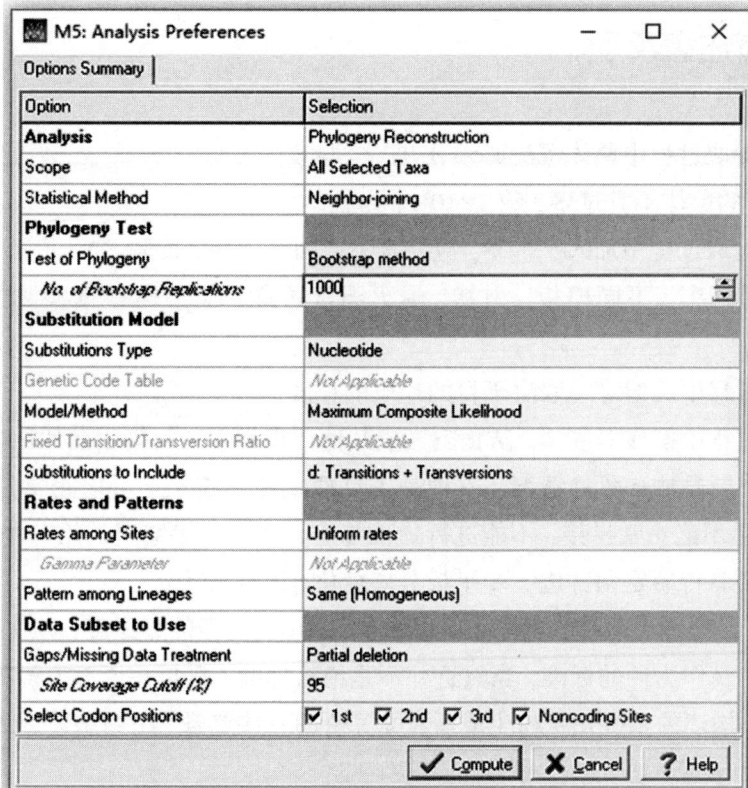

图 17-10　邻接法参数设置对话框

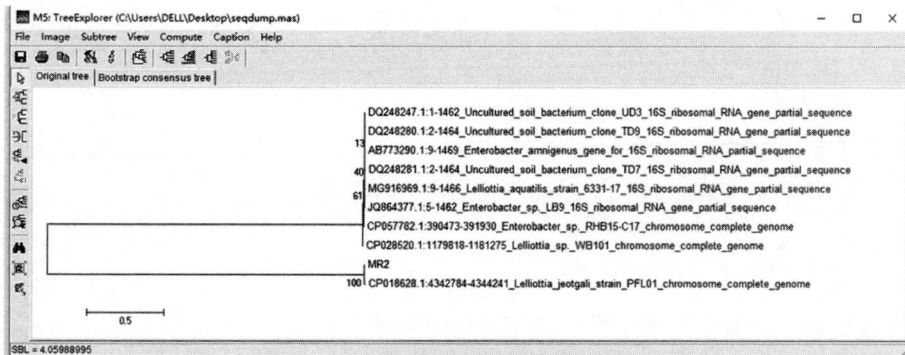

图 17-11　邻接法构建的系统发育树

（4）点击主菜单中的"Image"可保存为图片格式（.png）或 PDF 格式，也可以直接按"Ctrl+C"复制，然后在 Word 文件中粘贴，单击鼠标右键可编辑图片。

5 实验注意事项

（1）DNA 提取过程中菌体沉淀必须在 TE 缓冲液中充分吹散悬浮，不能有菌块，所以用于提取 DNA 的菌体不宜过多，约 $1×10^9$ 个为宜。

（2）DNA 提取过程中加入了 SDS，应注意不要强烈振荡，以防 DNA 断裂。

（3）PCR 过程中，不同模板、引物，退火温度可能不同，需根据实际情况设计退火温度。

（4）PCR 过程中延伸时间取决于目的片段的长度。

（5）PCR 过程中操作需谨慎，防止空气或其他环境带来的污染引起假阳性的发生。

（6）测序结果通常有两种情况：一种是正反两端能够拼接，可以正常进行物种鉴定；另外一种情况是不能正常拼接，不能进行物种鉴定，可能是待鉴定的培养物被污染，不是纯培养物，需要将待鉴定菌种进一步平板分离纯化，再进行鉴定。

（7）一般地，在细菌系统分类学上，根据 16S rRNA 基因的相似度，以 95% 的相似度作为属的标准，97% 作为种的标准，当然这并不是绝对标准，只是一个参考值。

（8）MEGA 构建的系统发育树生成后，可对树的一些参数（比如字体、颜色等）进行调整，使图片更为美观。

实验十八

植物线粒体的制备、耗氧与 ADP/O 比率的测定

1　实验目的

（1）掌握制备植物组织细胞完整线粒体的原理与方法。

（2）学习线粒体耗氧量及 ADP/O 比率的测定方法。

2　实验原理

　　植物细胞内有许多执行不同功能的细胞器，其质量、大小、结构各不相同。线粒体是细胞内氧化有机物并偶联产生 ATP 的一种细胞器。线粒体的这些功能与其结构的完整性密切相关。现代生物学方法已能从植物细胞中分离出线粒体，并用其进行代谢方面的动力学研究，而线粒体耗氧量与 ADP/O 的测定通常是这种研究的基本方法。

　　从植物细胞分离线粒体首先必须将植物组织和细胞破碎，然后根据线粒体的质量范围用差速离心的方法将其沉淀分离。在这些制备程序中，需要特别注意保持线粒体结构的完整性。

3　实验材料、试剂和仪器

3.1　实验材料

新鲜马铃薯块茎或玉米芽鞘。

3.2　实验试剂

1)制备线粒体各种介质

(1)研磨介质：0.1 mol/L Tris 缓冲液(pH 7.6)[含 0.3 mol/L 甘露醇(或 0.3 mol/L 蔗糖)]，1 mmol/L EDTA，0.1%牛血清蛋白(BSA)，0.05%半胱氨酸(在加植物材料之前加入)。

(2)洗涤介质：上述试剂不含半胱氨酸。

(3)悬浮介质：0.1 mol/L Tris 缓冲液(pH 7.6)[含 0.3 mol/L 甘露醇(或 0.3 mol/L 蔗糖)]，1 mmol/L EDTA。

2)测定线粒体耗氧量的反应介质

10 mmol/L 磷酸缓冲液[含 0.3 mol/L 甘露醇(或 0.3 mol/L 蔗糖)]，0.1% BSA，5 mmol/L $MgCl_2$，10 mmol/L α-酮戊二酸钾，1 mmol/L NAD^+，0.5 mmol/L 氧化型细胞色素 C，180 μmol/L ADP，0.5 mmol/L TPP(调节 pH 到 7.4)。

3)测定 ADP/O 比率的反应介质

测定 ADP/O 比率的反应介质与上面测定耗氧量的反应介质相同，只是加入 180 μmol/L ADP 的顺序须在加入制备的线粒体之后。

3.3　实验仪器

高速冷冻离心机，组织捣碎器(最高转速 10000 r/min)，匀浆器，冰箱，酸度计，放大 1000 倍的显微镜，极谱仪(或有放大装置的 1mV 的电子电位差计)，微量取样器，常用的玻璃器皿以及不锈钢镊子等。

4　实验方法与步骤

4.1　线粒体的制备

（1）洗净植物材料，用吸水纸去除表面的水。称取一定量植物材料（马铃薯块茎取 500 g，黄化幼苗取 100 g，玉米芽鞘取 20~50 g）。

（2）将植物材料置于冰箱中预冷 15 min。

（3）加适量研磨介质，置于捣碎器中以 10000 r/min 捣碎 30 min（捣碎器应用冰水冷却，如细胞破碎不完全，可再用匀浆器磨碎，匀浆器置冰箱中预冷）。

（4）用适量的离心角转头，以 4000g 离心 3 min（离心前，注意平衡离心管重量），弃沉淀（淀粉、细胞核与细胞碎片），取上悬液。

（5）上悬液以纱布或尼龙布过滤，以去除泡沫。

（6）去泡沫后的上悬液置离心管中，经平衡后以 39000g 离心 5 min，弃上浮液，取沉淀。

（7）将沉淀再悬浮于洗涤介质中，以 39000g 再离心 5 min，弃上浮液，取沉淀，并将沉淀悬浮于悬浮介质中，置冰箱中待用。沉淀绝大部分即为线粒体。

4.2　线粒体耗氧量的测定

在作耗氧量测定之前，应用反应介质在实际温度条件下对记录纸在一定走速下每个方格所表示的氧量作一预先测定。测定的方法是，取与所测耗氧量相同容量的反应介质，置电极杯中，插入氧电极，平衡温度计。待溶液温度达到实际要求温度之后，连通氧电极与记录仪的电路控制箱。将控制电极电压的表头调到 0.6 V 的工作电压，并调节控制记录笔移动的开关，使记录笔调到右边的满刻度上（在电极插入溶液之前，应先将记录笔调节到左边的基线上），然后加入少量下列混合物到反应介质中：

葡萄糖 70 g；$Na_2S_2O_4$ 5 g；$CaCl_2$ 0.1 g。

上述混合物加入之后，记录笔便会迅速向左边移动。待记录笔不再移动时，记下在记录纸上所指的分格。记录笔不再移动时，表示反应介质中的氧已消耗殆尽。查看不同温度下水中含氧量数值表（见《水质分析实用手册》），计算每个分格所表示的氧量。

测线粒体的耗氧量：往已插入氧电极的干净的电极杯中加 2.5 mL 反应介质，加 0.5 mL 线粒体悬浮液，这时记录笔便开始移动，待记录笔稳定后，取下记录纸。沿笔的斜线画一直线，使其与表示时间的轴线（如两直线间为记录纸 1 min 所走的距离）交叉，两个交叉点之间的分格数即表示 0.5 mL 线粒体在 1 min 内的耗氧量。

4.3 ADP/O 比率的测定

测定方法与测定耗氧量基本相同。反应介质 2.5 mL,线粒体悬浮液 0.5 mL,最后用微量取样器注入 ADP,使其最终浓度为 180 μmol/L。

5 实验数据记录与处理

测线粒体耗氧量,通常在不同条件下,或在不同来源的线粒体之间进行比较,其计量单位常以 $(\mu mol/L\ O_2)/(h \cdot mg\ 线粒体蛋白)$ 表示。线粒体蛋白可按 Cowry 方法用牛血清蛋白作标准进行测定。

ADP/O 比的计算:

$$氧原子消耗量(\mu mol) = (U \times V)/A \times C \times 2$$

式中,U——每毫升反应液中所含 O_2 量,如 25℃ 为 0.26 μmol/mL;

V——反应液体积,本体系为 3 mL;

A——3 mL 反应液中所含的溶解氧相当于记录纸上的幅度(100 格);

C——0.5 mL 线粒体在 1 min 内的耗氧量,14 格;

2——氧气(O_2)分子转换成原子时的系数。

因此,本实验反应体系的消耗氧原子量 $=(0.26 \times 3)/100 \times 14 \times 2 = 0.218$ μmol。

这 0.218 μmol 氧原子消耗量上由 180 μmol/L 的 ADP 引发的,这表示在 3mL 反应液中含有 0.54 μmol 的 ADP,因此 ADP/O 为 0.54/0.218 = 2.48。

6 实验注意事项

(1)制备线粒体操作中,保持线粒体结构完整性极为重要。因此,操作过程要保持在低温(4℃左右)下进行,并尽可能缩短分离时间。植物线粒体的制备及测定其耗氧量与 ADP/O 比率时,都需特别小心,严格遵守操作方法。

(2)制备线粒体的植物材料需要用不含叶绿素的植物组织,如花椰菜芽,马铃薯与菊芋块茎,黄化的蚕豆、豌豆与绿豆的幼苗,在暗处发芽的玉米芽鞘。尤其以新收获的马铃薯块茎和玉米的芽鞘最好。马铃薯的线粒体膜不易破碎,玉米芽鞘线粒体比较大,其细胞中的数量也比较多。根不宜采用,因为难于磨碎。此外,所选材料必须新鲜。

参考文献

［1］上海植物生理学会.植物生理学实验手册［M］.上海：上海科学技术出版社，1985.

［2］汤章城.现代植物生理实验指南［M］.北京：科学出版社，1999.

［3］哈希公司.水质分析实用手册［M］.第2版.北京：化学工业出版社，2016.

实验十九

微量检压法测定植物的呼吸速率

1 实验目的

(1)掌握用微量检压法测定植物的呼吸速率的原理及方法。

(2)学习应用 Warburg 呼吸计测定呼吸速率和呼吸代谢有关酶活性的方法。

2 实验原理

呼吸作用是生命活动的重要特征之一，呼吸速率是生物体生命活动强弱的重要指标。本实验采用微量检压法(Warburg 呼吸计，又称瓦氏呼吸计)测定植物的呼吸速率。瓦氏呼吸计检压法的原理是在一密闭的、定温定体积的系统中进行样品气体压力变化的测定。当气体被吸收时，气体分子数减少，则压力降低。相反，当产生气体时，则压力上升。压力的变化可以用微量检压计测出，并可据此计算气体吸收或释放的数量。由于在呼吸过程中吸收氧气和产生二氧化碳是同时进行的，所以从压力计上所观察到的压力变化是氧的吸收量和二氧化碳释放量的综合体现。若在反应瓶中加入碱液(如氢氧化钾)，则呼吸时所产生的二氧化碳被碱吸收。因此，可由压力的变化计算出氧的吸收量。如果需要测定组织放出的 CO_2 量时，则先用水代替 KOH 测定结果，再将结果与用 KOH 测定时的结果相减，即可计算出组织放出的 CO_2 量。

3　实验材料、试剂和仪器

3.1　实验材料

马铃薯块茎或其他生物材料。

3.2　实验试剂

凡士林、氯化钠、依文思兰、麝香草酚、20%KOH、脱氧胆酸钠。

3.3　实验仪器

微量呼吸检压仪、洗净干燥的水银、铁夹铁环、滴管(管端细长)、反应瓶、橡皮管、漏斗、测压管、大搪瓷盆、铁支架、移液枪(1 mL)、镊子、50 mL 烧杯、10 mL 量筒、洗耳球、天平(0.001 g)、吸水纸、鸡翅毛。

4　实验方法与步骤

4.1　仪器的安装与使用

Warburg 呼吸计亦称瓦氏呼吸计，它的主要部件是玻璃制的反应瓶[图 19-1(a)]及与之相连的压力计[图 19-1(b)]。反应瓶为一带侧臂并在底部中央装有小玻璃槽的小玻璃瓶，反应瓶由磨砂的接口与压力计相连。

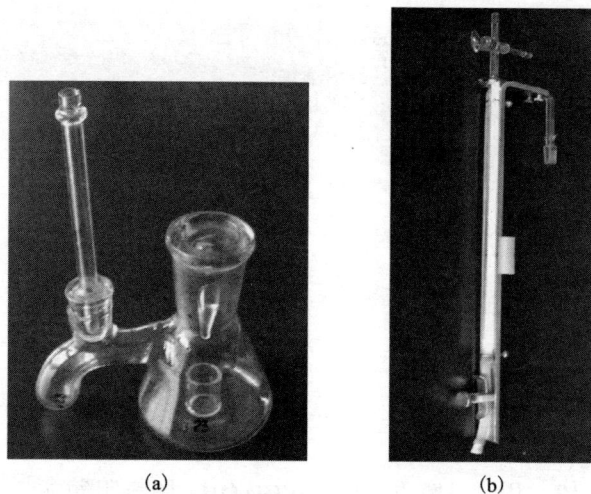

(a)   (b)

图 19-1　瓦氏呼吸计上的反应瓶与压力计

压力计内装有 Brodie 氏溶液,并用玻璃棒塞住,压力计中液体的高度靠安在金属板下部并压在橡皮管上的螺旋来调节。反应瓶的侧臂要用涂上活塞油的小塞子(注意塞子上的气门)塞紧,压力计的活塞(T)及套容器的磨口塞子也涂上活塞油,反应瓶用橡皮圈系牢。这样当活塞关闭时整个系统被严密地封闭起来。

压力计内装的 Brodie 氏溶液,其密度为 1.033 g/mL,液柱高 10000 mm 时的压力等于 1 个标准大气压,其配制如下:用 NaCl 23 g、脱氧胆酸钠 5 g 溶于 500 mL 蒸馏水中,加少许染料(如依文思兰)使溶液染色,并加数滴含浓麝香草酚的酒精溶液作为防腐剂。

将反应瓶浸在具有温度调节器、电热器与搅拌器装备的水浴里,而压力计则固定在水浴的外面,水浴上要有摇动压力计及反应瓶的设备。

具体步骤:

(1)测定氧的吸收时,在反应瓶中央玻璃槽内放入 0.2 mL 15%~20%KOH 溶液,用以吸收被测定材料放出的 CO_2。而测定 CO_2 释放时,则不放 KOH 溶液。

(2)取实验材料(如为植物组织则取 0.2~0.5 g,用排水法测定体积;如为发酵液则取 2~5 mL),放在反应瓶内靠外面的底部,将侧臂塞紧并连接压力计,用橡皮圈系牢。关闭压力计的活塞,检查仪器装置有无漏气。检查方法:调节压力计下端螺旋,挤压橡皮管,使压力计两端液面保持一定的差距。当液面不再移动时,则表示没有漏气;如果两端液面继续移动,最终达同一水平,则表示漏气,应检查原因。再使各接口密闭,重新检测直到不漏气为止。仪器检查完毕,即将反应瓶放回水浴内,打开压力计的活塞,平衡温度 10~15 min。调节右管液面在 150 mm 处,记录左管液面高度(如果液面高于 150 mm,用"+"号表示,低于 150 mm,则用"-"号表示)。然后关闭压力计的活塞,记录开始时间。开动振荡器，使压力计往返摇动以促进反应瓶中气体迅速交换。测定植物组织小块的呼吸速率时，不需开动振荡器，以免组织小块互相撞击，会由于机械刺激而使呼吸加强。作记录时停止振荡器摇动。调节螺旋使压力计右管的液体高度为 150 mm，随后记录左管液面的高度。用前次的数值减去后面一次的数值，即是测定期间的变化值。

（3）假定所测定的代谢过程是吸氧的。例如测量呼吸。先将压力计关闭的一边（右管）液面调节到 150 mm 处（这时活塞开放）然后半闭活塞，读压力计开放一边（左管）液面的高度，假定其为 149 mm，记录下来（通常记为 -1 mm）。经 10 min 后，反应瓶里的组织吸收了氧（释放的 CO_2 被中央玻璃槽中的 KOH 溶液吸收了），右管中的液面上升而左管中的下降。然后再调节右管液面到 150 mm，以保持反应瓶中气体体积不变，再测量压力的变化。例如左管液面高为 120 mm，即液面从 149 mm 降到 120 mm（或 -29 mm），这就是由于气体被吸收而降低了压力。如果我们知道反应瓶的气体体积（V_g）、瓶中的液体体积（V_f）、试验时的温度（T）、交换的气体体积以及压力计中液体的密度，那么我们就可以计算出吸收的气体数量。

（4）实验进行时，室内的气压、水浴的温度常发生变化，这些变化必须校正，校正方法，用一个压力计及反应瓶当作温压计。温压计反应瓶中除不加生物材料外，需加与测试反应瓶相应数量的水或溶液，中央小槽也作同样处理。

若呼吸计的最初记录为 149 mm，10 min 降落至 120 mm（即 -29 mm），而温压计内的气压升高，降落至 148 mm（-2 mm），呼吸计内压力的降低有两种原因：（1）由于瓶内 O_2 被吸收（-27 mm）；（2）由于室内气压增加（-2 mm）。

若外界气压降低或水浴温度升高，则温压计液面上升，呼吸计所测定的值应以温压计测定的值校正。若呼吸计的液面上升，应以观察值减去温压计的值；若呼吸计的液面下降，应从观察值中加入温压计的值。

4.2　反应瓶常数的演算

1）反应系统体积的测定

为了求得反应瓶常数（K），必须先测得反应瓶和与反应瓶相连的压力计至 150 mm 刻度为止的体积，一般常用的方法为重量法。

重量法测定体积是将欲测定体积的空间充满水银，根据水银的密度（表 19-1）换算成体积。

（1）反应瓶体积的测定：称取一只干燥清洁的 50 mL 烧杯的质量，准确度达 10 mg 即可，而后在反应瓶进行水银装入的工作。操作过程是将大搪瓷盆放在下面，以免水银滚到桌面而失落。将反应瓶装满水银（注意勿使气泡留瓶内，如有可通过细铜丝滴管引出），塞好侧臂塞（塞内毛细管应装入水银），用细铜丝滴管调节瓶中水银面，使压力计管装到反应瓶上时，水银面恰好在压力计侧管的 2~3 cm 处为宜，在侧管壁做上记号，取下反应瓶，将水银倒入已知重的烧杯中称其质量，前后两次质量差即为水银的质量。

（2）压力计侧管壁记号处至 150 mm 刻度部分体积的测定：取一只干燥清洁的 25 mL 烧杯，预先称其质量。将压力计倒转用铁夹固定在铁架上，取一橡皮管，一端用玻璃棒塞住，橡皮管中装满水银，然后将其连在压力计上。此时水银即进入压力计的毛细管中，用手压挤橡皮管中的水银，并调节压力计的倾斜度。使水银高度恰好在刻度 150 mm 与做记号之处，关闭玻璃活塞。取下橡皮管，倒出压力计中的水银于已知重的烧杯中，并称其质量。

表 19-1　不同温度条件下水银（Hg）的密度与比容

温度/℃	每立方厘米（cm³）Hg 的质量/g	每克 Hg 的体积/cm³	温度/℃	每立方厘米（cm³）Hg 的质量/g	每克 Hg 的体积/cm³
10	13.5708	0.0736877	25	13.5340	0.0738883
11	13.5684	0.0737011	26	13.5315	0.0739018
12	13.5659	0.0737145	27	13.5291	0.0739151
13	13.5634	0.0737287	28	13.5266	0.0739285
14	13.5610	0.0737412	29	13.5242	0.0739419
15	13.5585	0.0737546	30	13.5217	0.0739552
16	13.5561	0.0737680	31	13.5193	0.0739686
17	13.5536	0.0737813	32	13.5168	0.0739820
18	13.5512	0.0737947	33	13.5144	0.0739953
19	13.5487	0.0738081	34	13.5119	0.0740087
20	13.5462	0.0738215	35	13.5095	0.0740221
21	13.5438	0.0738348	36	13.5070	0.0740345
22	13.5413	0.0738482	37	13.5046	0.0740488
23	13.5389	0.0738616	38	13.5021	0.0740622
24	13.5364	0.0738750	39	13.4994	0.0740756

2）反应瓶常数的计算

为了计算研究结果，我们常应用反应瓶常数，计算出吸收或释放的气体数量（通常以微升计，在 0℃ 及 760 mm 汞柱的标准情况下）。

设 h = 压力计中气压的变化，以毫米表示之；

x = 放出或吸收的气体数量，以微升计；

V_g = 瓶中气体体积（包括压力计的连接侧管至 150 mm 刻度为止的体积）；

V_f = 瓶中液体体积；

p = 原始的气压（小瓶中所测气体的分压）；

$p_0 = 760 \text{ mm} \times \dfrac{13.6}{1.033} = 10000 \text{ mm}$（Brodie 溶液，大气压）；

T = 水浴的温度（绝对温度）；

d = 反应瓶内液体气体的溶解度（见表 19-2）；

R = 水的蒸气压（T_0 时）。

根据气体定律

$$\frac{pV}{T} = \frac{p_1 V_1}{T_1}$$

反应瓶气相内的气压为 $p-R$，体积为 V_g，变成标准状态则为：

$$\frac{(p-R)V_g}{T} = \frac{p_0 V_1}{273}$$

表 19-2　不同温度条件下 O_2 和 CO_2 的溶解度

温度/℃	d 值		温度/℃	d 值	
	O_2	CO_2		O_2	CO_2
10	0.03842	1.194	21	0.03044	0.854
11	0.03718	1.154	22	0.02988	0.829
12	0.03637	1.117	23	0.02934	0.804
13	0.03359	1.083	24	0.02881	0.781
14	0.03486	1.050	25	0.02831	0.759
15	0.03415	1.019	26	0.02783	0.738
16	0.03348	0.985	27	0.02736	0.718
17	0.03285	0.956	28	0.02691	0.699
18	0.03220	0.928	29	0.02649	0.682
19	0.03161	0.902	30	0.02608	0.665
20	0.03102	0.878	35	0.02440	0.592

$$V_1 = \frac{V_g \dfrac{273}{T}(p-R)}{p_0}$$

开始时，有些气体溶于液相内，根据亨利（Henry）定律，其数量为

$$\frac{V_f d(p-R)}{p_0}$$

根据亨利定律：溶液气体的浓度与液面上的浓度（压力）成正比，d 为压力在 1 个大气压时的溶解度，则当实际压力为 $(p-R)$ 时的溶解度将为：

$$\frac{p-R}{p_0}d$$

实验开始时的气体含量（体积）为：

$$V_g \frac{273(p-R)}{T \quad p_0} + V_f d \frac{(p-R)}{p_0}$$

实验终了时气体体积数量改变了，结果气压改变 h，如气体被吸入，则 h 为负数，如气体被排出，则 h 为正数。假设气体被吸入则压力为 $(p-R-h)$。这时气体的体积为：

$$V_g \frac{273(p-R-h)}{T \quad p_0} + V_f d \frac{(p-R-h)}{p_0}$$

令 $x=$ 被吸入的气体体积（$x=$ 开始的体积-最后的体积），则

$$x = \left[V_g \frac{273(p-R)}{T \quad p_0} + V_f d \frac{(p-R)}{p_0} \right] - \left[V_g \frac{273(p-R-h)}{T \quad p_0} + V_f d \frac{(p-R-h)}{p_0} \right]$$

$$= V_g \frac{273}{T} \times \frac{p-R}{p_0} + V_f d \frac{p-R}{p_0} - V_g \frac{273}{T} \times \frac{(p-R-h)}{p_0} - V_f d \frac{(p-R-h)}{p_0}$$

$$= V_g \frac{273}{T} \times \frac{h}{p_0} + V_f d \times \frac{h}{p_0}$$

$$= h \left[\frac{V_g \dfrac{273}{T} + V_f d}{p_0} \right]$$

$$= hK \quad (K = 反应瓶常数)$$

$x=$ 交换气体量 $=h$（压力计读数的变化）$\times K$（反应瓶常数）

举例：如反应瓶的总体积为 16.654 mm，测量稻种在 25℃ 时吸收氧的数量，反应瓶加进稻种 20 粒，体积为 0.6 mL，0.5 mL 蒸馏水，在中央小玻璃槽（中心杯）中加 0.2 mL 20% KOH 以吸收 CO_2，则反应瓶常数为：

$V_f = 1.3 \ \text{mL} = 1300 \ \mu\text{L}$

$V_g = 16.654 \ \text{mL} - 1.3 \ \text{mL} = 15.354 \ \text{mL} = 15354 \ \mu\text{L}$，$T = 298 \ \text{K}$，$d = 0.0283$，$p_0 = 10000 \ \text{mm}$

$$K=\frac{V_{g}\dfrac{273}{T}+V_{f}d}{p_{0}}=\frac{15354\times\dfrac{273}{298}+1300\times0.0283}{10000}=1.41$$

5　实验结果记录与处理

5.1　实验结果记录

1) 反应瓶容积

反应瓶容积实验结果记录如表 19-3 所示。

表 19-3　实验结果记录表

瓶号	测试次序	反应瓶中的 Hg 质量 (a)/g	其余部分的 Hg 质量 (b)/g	(a)+(b) 的 Hg 质量/g	Hg 的温度/℃	该温度的 Hg 之密度	反应瓶的体积/mL
	1						
	2						
	3						
	1						
	2						
	3						

2) 反应瓶常数的演算

在已知容积的反应瓶中加入稻种 20 粒，测得体积为 0.6 mL，加入蒸馏水 0.5 mL，中央小槽加入 20%KOH 0.2 mL，求出反应瓶常数 K。

5.2　呼吸强度及呼吸系数的测定

1) 呼吸强度的测定

(1) 取萌动的水稻种子 100 粒，用排水法测定其体积，若需排除种子附着的微生物干扰，则用 0.1%氯化汞溶液消毒 10 min，取出后用吸水纸轻轻吸干附着在种子上的水。

(2) 取反应瓶 2 只，其中一只作温压计，在反应瓶主室中放入种子和 0.5 mL 蒸馏水，在中央小槽内加 20%NaOH 或 KOH 0.2 mL；温压计中不放种子。

（3）立即按瓦氏呼吸计的使用方法进行操作。

（4）开始记录后，每隔 10 min 观察 1 次，共 3 次。

（5）实验完毕，卸下反应瓶，瓶口活塞油用粗滤纸擦去，并用蘸汽油棉花擦净活塞油，将种子及碱液倒出，然后将反应瓶放入温肥皂水中洗涤，再用自来水冲洗干净，最后用蒸馏水洗 3 次，烘干备用。

2）呼吸系数的测定

（1）取萌发的水稻或油菜种子各 0.5 g，每种材料各取 2 份。

（2）取反应瓶 3 只，一只用作温压计，一只用作测耗氧量，操作同呼吸强度测定。还有一只用作测耗氧量及二氧化碳释放量，即在中央小槽中不是加碱液，而是加 0.2 mL 水。

测完以后，将仪器洗净。

5.3 实测结果记录

在表 19-4 至表 19-7 中，A 为反应瓶检压计读数（左管读数）；B 为检压计压力变化（反应停止时左管读数变化值）；C 为反应瓶检压计实际变化并用温压计校正的值（h）；D 为氧气的消耗量（mL）；K 为反应瓶常数。

1）不同萌发天数水稻种子的呼吸强度记录表（表 19-4）

表 19-4　呼吸强度记录表

压力计编号		1				2				3				4				5				温压计	
反应瓶编号																								
所加实验材料	主室																							
	侧管																							
	中心杯																							
反应瓶 K																								
时间		A	B	C	D	A	B	C	D	A	B	C	D	A	B	C	D	A	B	C	D	A	B

测定时温度_____℃，日期_____

氧的消耗量计算，可采用如下两种方法：

（1）总消耗法。

氧消耗后的压力计左管高度实际的变化值（mm）是由实验终止后的读数减去最初读数来计算的，温压计的读数也是一样。总消耗法数据记录如表19-5所示。

表19-5　总消耗法数据记录表

时间	温压计		反应瓶			
	A/mm	B/mm	A/mm	B/mm	C/mm	D/mL
8：00	150	/	150	/	/	/
8：10	149	−1	130	−20	−19	19K
8：20	149	−1	110	−40	−39	39K
8：30	149	−1	90	−60	−59	59K

（2）同隔消耗法。

每一个读数从它后面一个读数中减去，即得到一定时间间隔内的变化。温压计亦用同样方法计算。此法虽较上法麻烦，但可以了解不同时间内呼吸作用的变化。同隔消耗法数据记录如表19-6所示。

表19-6　同隔消耗法数据记录表

时间	温压计		反应瓶			
	A/mm	B/mm	A/mm	B/mm	C/mm	D/mL
8：00	150	/	150	/	/	/
8：10	149	−1	130	−20	−19	19K
8：20	149	0	110	−20	−20	20K
8：30	149	0	90	−20	−20	20K

呼吸强度$\approx hK$。

2）呼吸系数的测定

将呼吸系数的测定数据记录于表19-7。

表 19-7　呼吸系数的测定数据记录表

压力计编号		1				2				3				4				温压计	
反应瓶编号																			
所加实验材料	主室																		
	侧管																		
	中心杯																		
反应瓶 K																			
时间		A	B	C	D	A	B	C	D	A	B	C	D	A	B	C	D	A	B

(1) 计算氧的吸收量：

$$X_{O_2} = h_{O_2} \cdot K_{O_2}（每小时每毫克鲜重吸收氧的微升数）$$

(2) 计算 CO_2 的释放量：

O_2 的吸收所引起的压力计液柱高度的变化：$h_{O_2} = \dfrac{X_{O_2}}{K_{O_2}}$

CO_2 的释放所引起压力计液柱高度的变化：$h_{CO_2} = \dfrac{X_{CO_2}}{K_{CO_2}}$

最后结果：

$$h = h_{O_2} + h_{CO_2} = \frac{X_{O_2}}{K_{O_2}} + \frac{X_{CO_2}}{K_{CO_2}}（式中 h 为中央小槽不加碱液的读数）$$

$$X_{CO_2} = \left(h - \frac{X_{O_2}}{K_{O_2}}\right)K_{CO_2}$$

(3) 呼吸系数（RQ）：

$$RQ = \frac{V_{CO_2}}{V_{O_2}}$$

6　实验注意事项

（1）测定绿色组织呼吸速率时，必须在黑暗中进行，以防止光合作用的干扰。

（2）Warburg 呼吸计是研究生物新陈代谢中气体体积变化的重要仪器，检测的精度很高，微升的变化也能反映出来。本方法不仅能研究有机体的呼吸作用和发酵作用，而且可以研究与 O_2 或 CO_2 气体交换有关的其他反应，如光合作用、酶的活性等。

（3）散落在搪瓷盘内的水银可用鸡翅毛收集。

参考文献

［1］阎龙飞. 植物生理学基本技术 2. 瓦布格氏微量呼吸计［J］. 植物生理学通讯，1956（2）：39–47.

［2］陈永盛，张宝有，张良诚. 反应瓶与检压计作任意搭配使用的 Warburg 仪器标定方法［J］. 东北林业大学学报，1990（3）：114–119.

实验二十

叶绿体的制备与希尔反应活力的测定

1　实验目的

(1)掌握叶绿体制备基本原理及操作技术。

(2)学习叶绿体 Hill 反应活力的测定方法。

2　实验原理

研究光合过程中的 Hill 反应、光化学反应、光合电子传递、光合磷酸化反应以及叶绿体的结构等，一般首先都要从叶片中分离出叶绿体。分离(或制备)叶绿体是从事若干研究的一种基本技术。

离体的叶绿体，往往由于分离介质、匀浆与离心的程度不同，其完整性会受到不同程度的影响。因此便将分离得到的完整叶绿体归属于第一类(Class Ⅰ)，而将破碎的叶绿体归属于第二类(Class Ⅱ)。

不少研究者发现，叶绿体内如果含有淀粉粒，离心时，便很可能冲击叶绿体而使包膜破裂，并使基质损失。破碎的叶绿体由于基质的损失，常丧失固定 CO_2 的能力，并且也会失去以 H_2O 为底物的放氧能力。为了避免这种损失，可将待用的植物材料预先放在黑暗中 1~2 天，以耗净其淀粉。制备前，可再放在光下。被分离出来的叶绿体即使完整率达到 90% 以上，但因保存叶绿体的温度较高，也会使完整率降低。比如，1974 年，Park S N 等报道，离体的 Class Ⅰ 叶绿体完整率为 95%，在 20℃下保存 30 min，其完整率便降到 56%，所以制备完整叶绿体通常都在 0~5℃ 的条件下进行，并且整个制备过程要求在尽可能短的时间内完成。待用的叶绿体悬浮液应贮存在 0℃条件下。

为了制备完整的叶绿体，应该特别注意以下几项原则：

（1）选择适当的提取介质与悬浮介质。介质应包括适当的缓冲液，以及保持叶绿体活性的适当化合物。其渗透势应当与叶绿体的相当。特别是要防止因渗透势过高（或离子的渗入）而使叶绿体胀破，所以常采用非电解质来调节提高介质的渗透势。一般用蔗糖、山梨醇或甘露醇，这些物质都不能透过叶绿体的内膜。

（2）一切操作应在 0~5℃ 下进行，并保存于 0℃ 低温条件下。从分离到使用的时间应尽可能地缩短。

（3）应用差速离心。分步去掉碎片、线粒体、核和其他亚细胞成分。一般用 500g 离心 4 min 去掉碎片与核，用 1000g 离心 4 min 使叶绿体沉淀并使其与线粒体及其他亚细胞组分分开。

Hill 反应是指叶绿体在光下还原电子受体，并释放氧的反应，或者叫作水的光解反应。而测定 Hill 反应，通常都用可进行氧化还原的铁氰化钾或染料 2,6-二氯酚靛酚作为电子受体，然后从还原产物的颜色来判断这种反应的强弱。毋庸置疑，Hill 反应是光合过程中一个很重要的反应，可导致 NADPH 与 ATP 两种同化力的产生。由此测定 Hill 反应的强弱，也是检验光合能力的一个很重要的指标。

3　实验材料、试剂和仪器

3.1　实验材料

新鲜菠菜叶或豌豆叶片。

3.2　实验试剂

N-2-羟乙基哌嗪-N'-2-乙磺酸（Hepes）、$MgCl_2$、EDTA、还原态抗坏血酸、$Na_2P_2O_4$、山梨醇、0.01 mol/L $FeCl_3$（0.2 mol/L HAc 溶解）、丙酮、10% 三氯乙酸、$NaHCO_3$、10% NaOH、$K_4[Fe(CN)_6]$、$K_3Fe(CN)_6$、0.2 mol/L 柠檬酸三钠、0.05 mol/L 邻菲啰啉盐酸盐（95% 乙醇溶解）。

G-S 提取介质：50 mmol/L HEPES, 20 mmol/L $MgCl_2$；1 mmol/L $Na_2P_2O_4$；20 mmol/L EDTA；2.0 mmol/L Vc；0.33 mol/L 山梨醇；以 10% NaOH 调节 pH 为 7.6（也可用 Tris-HCl 系统作提取介质：0.33 mol/L 蔗糖, 0.05 mol/L Tris-HCl(pH 7.6)及 0.01 mol/L NaCl）。

G-S 悬浮介质：50 mmol/L HEPES；20 mmol/L $MgCl_2$；5.0 mmol/L $Na_2P_2O_4$；

2.0 mmol/L EDTA；0.33 mol/L 甘露醇；以 10%NaOH 调 pH 至 7.6(也可用 Tris-HCl 系统直接作悬浮介质)。

3.3 实验仪器

组织捣碎器或研钵、冰箱、冷冻离心机、756 型紫外可见分光光度计、搪瓷盘、不锈钢剪刀、天秤、尼龙布(100 目)或细纱布、脱脂棉、试管、试管架、玻璃棒、10 mL 容量瓶、1 mL 移液管、洗耳球。

4 实验方法与步骤

4.1 叶绿体的制备

(1)取菠菜叶(豌豆叶也比较好)洗净、揩干、去粗叶脉、剪碎，称取 5 g，放入组织捣碎器中，加预冷提取介质 10 mL。0℃下匀浆，然后用两层 100 目尼龙布将匀浆包起来挤压。弃残渣，留液汁。(如无尼龙布，可用四层细棉布代替)

(2)将液汁倒入离心管，用冷冻离心机于 2~3℃温度下离心，首先以 500g 离心 4 min，去细胞壁碎片与核。取上悬液再用 1000g 离心 4 min，弃去上悬液，再加 5 mL 悬浮介质用玻璃棒轻轻搅匀，再用 1000g 离心 2 min，弃去上悬液，留下叶绿体沉淀。经一次洗涤之后，基本上可以将线粒体及与线粒体质量相当的细胞器去掉。

注：离心时间不宜过长，过长则与线粒体质量相当的颗粒也会沉淀下来。离心管不宜装满，装满了，离心时上部分的离心力与下部的不一致，最好是小量提取液用较大的离心管(比如 20 mL 提取液装入 50 mL 离心管)。离心管放入转头之前，应进行重量平衡。

(3)悬浮叶绿体：在所得全部叶绿体沉淀中加 5 mL 悬浮介质，然后轻轻摇动，再用玻璃棒轻轻搅动。悬浮液置于 0℃ 冰箱中待用。

(4)用 0.2 mL 移液管取叶绿体悬浮液 0.2 mL 于离心管中，然后加 80% 丙酮 9.8 mL，静放 10 min，用石英砂平衡后，20000g 离心 2 min 去残余蛋白质，上清液最后用 1 cm 比色杯以 652 nm 波长测吸光度(A_{652})。按下式(Arnon 法)计算叶绿素含量。

$$叶绿素含量(mg/mL) = \frac{A_{652} \times 1000}{34.5} \times \frac{10}{0.2 \times 1000}$$

在测定叶绿体的某种理化值时，通常都用叶绿素含量表示，故应测定单位容量叶绿体悬浮液中的叶绿素含量。

4.2　希尔反应（Hill Reaction）活力的测定

1）进行希尔反应的操作

反应液由 0.05 mol/L Tris-HCl（pH 7.6）0.2 mL，0.05 mol/L $MgCl_2$ 0.2 mL，0.1 mol/L NaCl 0.2 mL，0.01 mol/L $K_3Fe(CN)_6$ 0.2 mL，叶绿体悬浮液 0.2 mL，H_2O 1.0 mL 所组成，总体积为 2 mL。如在反应液中要加入其他处理试剂时，H_2O 的部分体积可由其他需加试剂的体积所代替。反应液混合后，分装于小口径的试管中，各处理均分成两批(一批照光，另一批作暗对照)。将照光试管分别放入玻璃方缸(标本缸)内的有机玻璃试管架中，暗对照试管放在暗处。缸内注水，保持20℃，照光 1 min 后，立即向所有试管中加入10%浓度的三氯乙酸 0.4 mL 以终止反应。摇匀试剂，静置 2 min 后，准确吸取上清液 0.8 mL 作 $Fe(CN)_6^{4-}$ 分析。

2）$Fe(CN)_6^{4-}$ 的分析测定

叶绿体照光时使部分 $Fe(CN)_6^{3-}$ 还原成 $Fe(CN)_6^{4-}$，后者可使 $FeCl_3$ 变成游离的 Fe^{2+}，而游离的 Fe^{2+} 可与邻菲啰啉盐酸盐生成橘红色的络合物，可在波长 520 nm 处比色定量测定。

3）$Fe(CN)_6^{4-}$ 标准曲线

称 14.72 mg 亚铁氰化钾，溶于 100 mL 重蒸馏水，即此溶液浓度为 0.4 μmol/mL，并按表 20-1 配制不同浓度的亚铁氰化钾溶液。

表 20-1　不同浓度的亚铁氰化钾溶液配制表

编号	配制的亚铁氰化钾溶液/（μmol·L^{-1}）	原亚铁氰化钾溶液/mL	H_2O/mL
1	0	0	2.0
2	0.1	0.25	1.75
3	0.2	0.5	1.5
4	0.4	1.0	1.0
5	0.6	1.5	0.5
6	0.8	2.0	0

分别吸取上述表中不同量亚铁氰化钾溶液和 H_2O，注入不同编号的玻璃试管中，每管再加柠檬酸三钠溶液 4 mL、三氯化铁 0.2 mL，摇匀，最后每管加邻菲啰啉盐酸盐 0.4 mL，均匀混合后在室温下放暗处 10 min。试剂空白作对照，用紫外可见分光光度计在波长 520 nm 处比色测定并记录吸光度。以得到的吸光度值作为纵坐标，亚铁氰化钾浓度作为

横坐标，作一标准曲线或求得标准回归方程。样品中的 Fe^{2+} 含量测定也同样如此，一般取样 0.8 mL，加 1.2 mL 重蒸馏水，其他试剂数量加入与操作过程同作标准曲线一样。

5　实验数据记录和处理

希尔反应活力通常以 $\mu mol\ K_4[Fe(CN)_6]/[mg(叶绿素)\cdot h]$ 表示。例如照光 1 min 后，测得吸光度读数为 0.330，暗对照为 0.090，则相减后为 0.240，此吸光度值在标准曲线上查得相当于 0.1 $\mu mol/L$ 的 $Fe(CN)_6^{4-}$，如所加的叶绿体按叶绿素测定为 0.05 mg，则可计算：

$$希尔反应活力 = \frac{0.1\ \mu mol/L \times 6.6\ mL \times 2.4\ mL}{0.8\ mL} \times \frac{1}{0.05\ mg} \times \frac{1}{1\ min} \times \frac{60\ min}{1\ h}$$

$$= 2.376\ \mu mol/(mg\cdot h)$$

式中：6.6 mL 是指反应体系总体积；2.4 mL 是指反应液 2 mL 和 10% 三氯乙酸 0.4 mL；1 min 为光照时间。

按反应式（$2H_2O + 4Fe^{3+} \rightarrow 4Fe^{2+} + 4H^+ + O_2$），每还原 4 mol Fe^{3+}，则可释放 1 mol O_2。则以 O_2 表示的希尔反应活力为

$$2.376\ \mu mol/(mg\cdot h) \div 4 = 0.594\ \mu mol/(mg\cdot h)$$

6　实验注意事项

（1）三氯化铁（$FeCl_3$）、邻菲啰啉盐酸盐（$Cl_2H_{18}N_2HCl\cdot H_2O$）配制后安放在棕色瓶中。

（2）用精密紫外可见分光光度计测定叶绿体含量（如 756 型紫外可见分光光度计），才能用 Arnon 方法换算（如果没有精密紫外可见分光光度计则应用叶绿体作一标准曲线来确定叶绿素含量）。

（3）测定希尔反应时尽量避光，尤其加入邻菲啰啉盐酸盐后应在暗处待 10 min 再比色。

参考文献

[1] 上海植物生理学会.植物生理学实验手册[M].上海：上海科学技术出版社，1985

[2] 汤章城.现代植物生理实验指南[M].北京：科学出版社，1999

[3] 张志良，瞿伟菁.植物生理学实验指导[M].第 3 版.北京：高等教育出版社，2003

实验二十一
植物激素的提取、纯化和测定

1　实验目的

(1)掌握常见植物激素的提取、纯化的原理及操作技术。

(2)熟悉几种常见植物激素的功能。

2　实验原理

在五大类植物激素中，有酸性的(IAA、GA_s、ABA)，中性的(ETH)，也有碱性的(CKs)。五类激素都可以溶于易与水混溶的甲醇、乙醇、丙酮中。在提取激素时，一般常用80%的甲醇，由于甲醇与水混溶，不可避免地会同时将溶于水的有机物如糖、氨基酸、无机盐等一并提取出来。为了提取较纯的某一类激素，则需要进一步纯化。又由于植物激素对热、光照敏感，因此，植物激素的提取分离纯化过程应在低温(10℃)及弱光或遮光下进行。

植物激素的定量测定方法目前有生物测试法、理化测试法(气相色谱法、液相色谱法、气相—质谱联用、液相—质谱联用等)、免疫测定法($ELISA$ 和 RIA)，这里介绍高效液相色谱法($HPLC$)。以 $HPLC$ 进行分析测试，无须将要分析的物质汽化，因此非常适合于分析那些不易汽化或者在高温下易于破坏的物质。用 $HPLC$ 分析植物激素(IAA、GA、ABA 和 CK_s 等)，通常采用紫外检测器检测，最小检知量可以达到 100 ng。

3 实验材料、试剂和仪器

3.1 实验材料

植物新鲜样品(拟南芥、水稻叶片等)。

3.2 实验试剂

甲醇(分析纯)、甲醇(色谱纯)、醋酸铵(NH_4Ac)、醋酸(HAc)、聚乙烯聚吡咯烷酮(PVPP)、二乙基氨基乙基葡聚糖(DEAE),标准 IAA、GA、ABA 及 ZT 样品(Fluka - HPLC)。

3.3 实验仪器

液氮罐、冷冻离心浓缩系统、普通冰箱、超低温冰箱、高速冷冻离心机、液相色谱仪、C_{18} Sep-pak(Waters)、超声波洗脱仪、剪刀、镊子及玻璃器皿等。

4 实验方法与步骤

4.1 新鲜植物样品的预处理

将新鲜植物样品采回后,用蒸馏水将待测组织冲洗干净,回收水除去表面蒸馏水,称重后,用棉纱布包好立即放入液氮中处理 2~3 min,然后将样品在遮光条件下进行冷冻干燥 24~48 h,干燥时间视样品量及含水量的多少而定,待样品充分干燥后密封放入-60℃超低温冰箱中保存。

4.2 PVPP 悬浮(提前 1 d 准备)

(1)称 30 g PVPP 加 300 mL 蒸馏水置于烧杯中,摇动 5 min,再静置分层 15 min。

（2）将上层小颗粒吸去丢弃于废烧杯中，共吸收 140 mL。

（3）加蒸馏水恢复原有的体积，再摇动 5 min，静置分层 15 min。

（4）将上层小颗粒吸去，记录吸去的量。

（5）重复（3）（4）步骤一次。

（6）最后以 pH 8.0, 0.1mol/L NH$_4$Ac 悬浮，上、下层比例为 1：1，以 Parafilm 封口膜盖住杯口，于冰箱中保存（4℃）。

4.3　DEAE 悬浮

（1）称 10 g DEAE 加 0.1 mol/L NH$_4$Ac（pH 8.0）300 mL 于烧杯中不断搅拌摇动 5 min，静置分层 2~3 min。

（2）吸去上层小颗粒丢弃到废烧杯中，记录吸去的总量 220 mL。

（3）加 pH 8.0 0.1 mol/L NH$_4$Ac 恢复原有的体积。

（4）重复摇动、静置分层、吸弃上层液、恢复总体积。

（5）重复（3）（4）步骤一次。

（6）最后保证上、下层比例为 1：1，盖上封口膜、冰箱中保存（4℃）。

4.4　C$_{18}$ Sep-paks 预处理（需临时处理）

（1）以 8 mL 100% 甲醇冲洗柱。

（2）用巴斯德吸管吸去气泡。

（3）以 8 mL 0.1 mol/L HAc 洗酸性 Sep-paks 柱。

（4）重复步骤（2），并作酸性激素柱和 Cytokinin 柱标记备用。

4.5　装柱

（1）上层注射器装 12 mL PVPP，下层柱装 12 mL DEAE 静置。

（2）将多余的缓冲液（0.1mol/L pH 8.0 NH$_4$Ac）放掉，每柱留 1~2 mL 缓冲液。

（3）将各柱连接在一起，最下层接 Sep-paks 柱，并保证各柱中无气泡（任何气泡都直接影响流速）。

4.6　柱系统的处理

（1）以 15 mL 0.01 mol/L pH 8.0 NH$_4$Ac 洗脱，最后在 PVPP 及 DEAE 柱上留多于

1 mL 的缓冲液。

（2）以 15 mL 1.0 mol/L pH 8.0 NH$_4$Ac 洗脱，再以 15 mL 0.01 mol/L pH 8.0 NH$_4$Ac 洗脱，选择流速最好的分离柱。

4.7 植物激素的提取

准确称取冻干样品 0.5 g 左右（精确到 0.1 mg），分 4 次加入预冷的 80% 甲醇 11 mL（5 mL+2 mL+2 mL+2 mL），在弱光下冰浴中研磨成匀浆，于 4℃ 冷藏箱中浸提过夜（15 h）。于 4℃ 以 3000g 离心 10 min，倒出上清液，残渣加入 2 mL 预冷的 80% 甲醇后旋涡振荡 5 min，再离心（3000g；10 min），倒出上清液。残渣重复上述操作一次后丢弃，合并的上清液进行真空冷冻离心浓缩以除去甲醇，加入 8 mL NH$_4$Ac（0.1 mol/L，pH 9.0）复溶，离心（27000g；20 min）。

4.8 样品分离纯化（上样）

（1）将闪烁瓶中的样品液倒入相应标记的柱中，以 5 mL 0.01 mol/L NH$_4$Ac 洗闪烁瓶（洗 3 次：1 mL+2 mL+2 mL），洗液也倒入柱中，再加入 25 mL 0.01 mol/L NH$_4$Ac 洗脱。

（2）当上面 PVPP 柱将近干时，移去 PVPP 柱，上接大的注射器继续洗脱。

（3）当溶液盖住 DEAE 柱顶部时，关闭活塞，移去 Sep-paks 小柱（内含 Cytokinin），贮藏于黑暗冰箱中待抽提。

（4）在 DEAE 柱上加入 0.1 mol/L HAc 1 mL，下接 Sep-paks 小柱（收集酸性激素），上接大的注射器加入 25 mL 1.5 mol/L HAc。

（5）当 DEAE 柱干时，去掉酸性 Sep-paks 小柱，贮存待用。

4.9 Sep-paks 小柱中的激素提取

（1）先用 5 mL 蒸馏水顺方向清洗小柱。

（2）以 4 mL 50% 甲醇洗脱 Cytokinin Sep-paks 柱，用 20 mL 闪烁瓶收集，贴好标签。

（3）以 5 mL 50% 甲醇洗脱酸性激素小柱，用 20 mL 闪烁瓶收集，贴好标签。

（4）将上述收集的样品平衡后离心减压浓缩，除去甲醇和水。

（5）用初始流动相溶解后测定。

5　实验结果记录和处理

　　植物激素的 HPLC 测定：参照 Horgan 等植物激素的 HPLC 测定法，采用岛津 LC-9A 型高效液相色谱分析系统测定，色谱柱为 C_{18} 反相柱（4.6 mm×250 mm，5 μm，Waters 公司生产）；流动相为 40%甲醇（pH 3.4）；流速为 0.5 mL/min；UV254 nm 紫外检测；外标法定量，标样均为 Fluka 的 HPLC 试剂。将配制的混合标样（含 IAA+ABA+ZT）经过上述分离纯化过程测定回收率，以回收率对样品测定结果进行校正。

6　实验注意事项

　　（1）植物激素对光热敏感，因此操作需要在低温弱光下进行。
　　（2）C_{18} Sep-paks 小柱回收再处理时，以 8 mL 100%的分析纯甲醇反向清洗。

参考文献

[1] 王若仲，萧浪涛，蔺万煌，等.亚种间杂交稻内源激素的高效液相色谱测定法[J].色谱，2002(3)：148-150

[2] Zhen Ma，Liya Ge，Swee Ngin Tan. Simultaneous analysis of different classes of phytohormones in coconut (Cocos nucifera L.) water using high-performance liquid chromatography and liquid chromatography-tandem mass spectrometry after solid-phase extraction[J]. Analytica Chimica，2008(4)：23-26.

[3] Horgan R，Kramers M R. High-performane liquid chromatography of cytokinins [J]. Journal Chromatography，1979，173：263-270.

图书在版编目(CIP)数据

生物工程综合技能实践教程／王征，方俊主编.
—长沙：中南大学出版社，2022.12
"双一流"建设示范性研究生系列教材
ISBN 978-7-5487-5126-7

Ⅰ.①生… Ⅱ.①王… ②方… Ⅲ.①生物工程—
高等学校—教材 Ⅳ.①Q81

中国版本图书馆 CIP 数据核字(2022)第 178677 号

生物工程综合技能实践教程

SHENGWU GONGCHENG ZONGHE JINENG SHIJIAN JIAOCHENG

王征　方俊　主编

□出 版 人	吴湘华	
□责任编辑	胡小锋	
□责任印制	唐　曦	
□出版发行	中南大学出版社	
	社址：长沙市麓山南路	邮编：410083
	发行科电话：0731-88876770	传真：0731-88710482
□印　　装	长沙印通印刷有限公司	

□开　　本	787 mm×1092 mm 1/16	□印张 9	□字数 213 千字
□版　　次	2022 年 12 月第 1 版	□印次 2022 年 12 月第 1 次印刷	
□书　　号	ISBN 978-7-5487-5126-7		
□定　　价	38.00 元		